中国地质大学(武汉)实验教学系列教材
中国地质大学(武汉)实验技术研究项目资助

物理化学实验

华 萍 主编

王君霞
付凤英 副主编

图书在版编目(CIP)数据

物理化学实验/华萍主编,王君霞、付凤英副主编. —武汉:中国地质大学出版社,2010.4
(2018.6 重印)
ISBN 978-7-5625-2470-0

Ⅰ.①物…
Ⅱ.①华…②王…③付…
Ⅲ.①物理化学-化学实验-高等学校-教材
Ⅳ.①O64-33

中国版本图书馆 CIP 数据核字(2010)第 018473 号

物理化学实验		华 萍 主 编
		王君霞 付凤英 副主编
责任编辑:周 华		责任校对:张咏梅
出版发行:中国地质大学出版社(武汉市洪山区鲁磨路388号)		邮政编码:430074
电 话:(027)67883511	传 真:67883580	E - mail:cbb @ cug.edu.cn
经 销:全国新华书店		http://www.cugp.cn
开本:787 毫米×1 092 毫米 1/16		字数:246 千字 印张:9.5
版次:2010 年 4 月第 1 版		印次:2018 年 6 月第 2 次印刷
印刷:荆州鸿盛印务有限公司		印数:1 000—2 000 册
ISBN 978-7-5625-2470-0		定价:14.00 元

如有印装质量问题请与印刷厂联系调换

前　言

　　物理化学实验是化学化工类专业教学计划中一门重要课程,物理化学实验课程在理解化学学科的基本理论、掌握和运用化学学科中的基本方法和技能,培养科学思维、提高分析问题和解决问题的能力方面有很重要的作用。本教材以高等学校物理化学课程教学基本要求为依据,分析了当今物理化学学科的不断发展和实验仪器的不断更新的形式,考虑到与物理化学理论课的密切关系,在实验内容的选题上除了以培养训练学生的基本实验技能、加强基本理论和基本概念为目的的经典实验外,还选择了一些近代科学研究所需的测试方法作为实验内容,并介绍了 Excel 数据处理的详细步骤,希望借此能开拓学生的视野。

　　本教材主要内容包括四大部分,其中第一章介绍了物理化学实验的目的、要求以及分析实验误差和处理数据的方法;第二章编写了 20 个基础实验和 4 个综合性实验,注重经典实验与现代实验技术的结合;第三章系统介绍了物理化学实验所需的基本测试方法和技术,使学生对测试原理和方法有交全面的了解;第四章对 Excel 处理物理化学实验数据的方法进行了介绍,其中重点介绍了公式和函数的应用、图表操作、实验数据的最小二乘法线性回归和非线性回归,使得学生通过实验不仅有测定数据的能力,还培养了学生利用计算机处理数据的能力。

　　参加本书编写工作的有:华萍(第一章,第二章实验一、实验二、实验四、实验十、实验十一、实验十三);王君霞(第二章实验十二～实验十九、实验二十二、实验二十四);付凤英(第二章实验六～实验八、实验二十一,第三章部分内容);洪建和(第二章实验九,第四章);何明中(第二章实验三、实验五、实验二十);王惠玲(第三章部分内容)。全书由华萍、王君霞统稿和定稿。

　　教材编写过程中参考了国内外出版的一些教材和著作,受益匪浅,在此向这些作者表示感谢。

　　教材的编写得到中国地质大学(武汉)实验室设备处的大力支持,在此表示感谢。

　　由于水平有限,教材中可能存在不足甚至错误,恳请读者批评指正。

编　者

2010 年 3 月

目 录

第一章 绪 论 ·· (1)

第二章 实 验 ·· (19)

  第一节 热力学部分 ·· (19)

    实验一 恒温槽的装配与性能测定 ·· (19)

    实验二 燃烧焓的测定 ·· (24)

    实验三 溶解热的测定 ·· (28)

    实验四 液体饱和蒸气压的测定 ·· (32)

    实验五 氨基甲酸铵分解反应平衡常数的测定 ·· (34)

    实验六 双液系气-液平衡相图 ··· (37)

    实验七 二组分金属相图 ·· (40)

    实验八 凝固点降低法测摩尔质量 ·· (42)

    实验九 黏度法测定高聚物的摩尔质量 ··· (45)

  第二节 动力学部分 ·· (49)

    实验十 蔗糖水解反应速率常数的测定 ··· (49)

    实验十一 一级反应——过氧化氢的催化分解 ·· (52)

    实验十二 电导法测定乙酸乙酯二级反应的速率常数 ··· (55)

  第三节 电化学部分 ·· (58)

    实验十三 希托夫法测定离子的迁移数 ··· (58)

    实验十四 交流电桥法测定电解质溶液的电导 ·· (61)

    实验十五 电动势法测定化学反应的热力学函数 ·· (63)

    实验十六 极化曲线的测定 ··· (66)

  第四节 表面与胶体部分 ··· (68)

    实验十七 溶胶的制备与电泳 ··· (68)

    实验十八 最大气泡法测定溶液的表面张力 ··· (70)

    实验十九 固体-溶液界面上的吸附 ·· (75)

  第五节 综合实验 ·· (77)

    实验二十 $CuSO_4 \cdot 5H_2O$ 的"热重/差热"同步热分析 ··································· (77)

  实验二十一 可逆电池电动势的测定 …………………………………………………… (79)

  实验二十二 碳钢在碳酸氢铵溶液中极化曲线的测定 ………………………………… (82)

  实验二十三 计算机联用研究 Belousov-Zhabotinsky 振荡反应 ……………………… (84)

  实验二十四 载体电催化剂的制备、表征与反应性能……………………………………… (88)

第三章 基本测量技术及实验仪器使用简介 ……………………………………………… (90)

  第一节 温度测量技术 ……………………………………………………………………… (90)

  第二节 压力测量与控制 …………………………………………………………………… (102)

  第三节 电学测量技术 ……………………………………………………………………… (109)

  第四节 光学测量技术 ……………………………………………………………………… (120)

第四章 Excel 处理物理化学实验数据 ……………………………………………………… (125)

  第一节 Excel 基础知识 …………………………………………………………………… (125)

  第二节 线性回归 …………………………………………………………………………… (130)

  第三节 非线性回归 ………………………………………………………………………… (134)

附录 A 国际单位制和基本常数 ……………………………………………………………… (137)

附录 B 水的某些物理常数 ………………………………………………………………… (139)

附录 C 有关物质的某些物理常数 …………………………………………………………… (141)

参考文献 …………………………………………………………………………………………… (145)

第一章 绪 论

一、物理化学实验的目的和要求

物理化学实验是一门独立的课程,是化学学科的一个重要分支,它综合了化学领域中各个分支所需要的基本研究工具和方法。物理化学实验通过实验的手段,研究物质的物理化学性质以及这些物理化学性质与化学反应之间的关系。

物理化学实验课的主要目的是使学生掌握物理化学实验的基本方法和技能;培养学生正确记录实验数据和现象,正确处理实验数据和分析实验结果的能力;掌握有关物理化学的原理,提高学生灵活运用物理化学原理的能力。通过实验,使学生初步了解物理化学的研究方法,包括实验现象的记录、实验条件的选择、重要物理化学性能的测量、实验数据的处理及可靠程度的判断、实验结果的分析和归纳等,从而增强解决实际化学问题的能力。通过物理化学实验教学,还可以加深对物理化学和物质结构中某些重要的基本理论和概念的理解,提高学生对物理化学知识灵活运用的能力。

为了达到上述目的,要求做到以下几点:

(一) 实验前的准备

(1) 实验前必须充分预习,预习以实验指导书为主,明确实验的目的与要求,掌握实验所依据的基本理论,明确需要测定的量,了解实验步骤及所用仪器,对于贵重精密的仪器最好能对照实物进行预习,掌握其构造、性能和操作规程。

(2) 写预习报告,简要地写出实验目的,根据实验中需要记录的数据,详细地设计出一个原始数据表格,这个表格应充分反应操作程序。预习报告在实验前须经指导教师检查。

由于物理化学实验一般安排两个人一个小组,因此在预习中,应共同研究拟订实验计划,作出合理分工,以有效地利用时间。

(二) 实验过程和记录

(1) 按指定实验台进行实验,不得随意动用其他仪器,更不得擅自拆卸仪器,仪器装置安装好后,须经指导教师检查后方能进行实验。

(2) 严格按实验操作规程进行,未经允许,不得更改。如仪器出现故障,应立即停止操作并迅速报告指导教师。

(3) 原始数据及与实验有关材料应如实记入实验记录本,不要将数据记录在小纸片上,也不要重抄一遍。不得用铅笔或红笔记录。记录本应编页码,不得撕页。记录数据要求完全、准确、真实、清楚,决不要"记好弃坏",数据记录尽量表格化,实验名称、日期、同组人,使用仪器的型号规格,常规环境条件(如室温、实验温度、大气压等)也应例行填写,严格养成良好的记录习惯。

(4) 仔细观察实验现象,对于特异或反常现象应详细记录,并认真分析和思考。

(5)实验完毕,应将数据交指导教师审查合格后,再清理、拆卸实验装置。

实验过程中总的要求是:操作正确、观察仔细、测量认真和记录准确。

(三)数据处理和实验报告

(1)填写实验名称、日期、实验条件、报告人和同组人以及室温、气压等常规环境。

(2)简明扼要地写出实验目的、原理、仪器装置示意图,重要的试剂规格(纯度、特征、晶型、粒度等)最好也要填写清楚。

(3)实验部分不必过于繁琐,最好能以简单清楚的"方框流程图"示意,但对于关键操作及观察到的特异现象应仔细填写。

(4)数据计算和处理均应按误差和数据处理原则进行,各种量的单位应正确表示。所有数据力求以表格形式表示,作图应使用坐标纸。

(5)结论和讨论。对于一个完整的实验来说,这是很重要的一部分,它是整个实验的精华。同一实验,即使是两人合作进行,收益和认识也会大不相同,这就反应出观察和分析问题的水平。每一个实验,如能对每一步都能细心观察和思考,对数据和现象进行严格的分析探讨,无疑将会发现更多的问题,提出更多的设想,获得更广泛深入的认识,这对于培养人的独立工作能力和创造精神是十分有益的。

实验报告是整个实验中重要的一项工作,既不要简单地重复"实验指导书",也不要过于繁琐,希望学生开动脑筋、钻研问题、耐心计算、仔细写作,使每份报告都合乎要求。

二、量纲分析

在科学实验中,量纲分析是一个有力的手段,如果一个方程式是正确的,则等式两边的量纲应一致。长度、质量、时间、电流、热力学温度、物质的量和发光强度这 7 个基本量的量纲可分别用 L、M、T、I、Θ、N 和 J 表示,则任一物理量 Q 的量纲可以表达成基本量纲的幂次之积

$$[Q] = L^{\alpha}M^{\beta}T^{\gamma}I^{\delta}\Theta^{\epsilon}N^{\zeta}J^{\eta}$$

量纲分析就是在保证量纲一致的原则下,分析和探求物理量之间的关系,即用数学公式表示一个物理定律时,等式两端必须保持量纲一致——量纲齐次性原则。

我们举出两个简单的例子,来了解如何正确地进行量纲分析。

[例1.1] 表面张力作为毛细管液面上升高度的函数的表达式是

$$\gamma = \frac{h\rho g r}{2}$$

在这个表达式中各项及其量纲如表 1-1 所示。

表 1-1 物理量符号及量纲

量	符号	量纲
表面张力	γ	MT^{-1}
柱高	h	L
液体密度	ρ	$L^{-3}M$
重力加速度	g	LT^{-2}
毛细管半径	r	L

代入方程式得
$$MT^{-1} = L \cdot L^{-3}M \cdot LT^{-2} \cdot L$$
方程为恒等式。

[例 1.2] 气体分子运动速率为 $u = \sqrt{\dfrac{3RT}{m}}$,速率 u 的量纲为 LT^{-1};气体的摩尔质量 M 的单位是 $kg \cdot mol^{-1}$,其量纲为 MN^{-1};气体常数 R 的单位为 $J \cdot K^{-1} \cdot mol^{-1}$,其量纲为 $L^2MT^{-2} \cdot \Theta^{-1} \cdot N^{-1}$。将上述量纲代入表达式,两边恒等,即

$$LT^{-1} = \sqrt{\dfrac{L^2MT^{-2} \cdot \Theta^{-1} \cdot N^{-1}\Theta}{MN^{-1}}}$$

有一类经常遇到的表达式,从量纲分析观点,有点令人失措,这是一类含有对数的表达式,通过一实例来分析它们的量纲。

[例 1.3] 蒸气压随温度变化的微分方程是

$$\dfrac{d\ln p}{dT} = \dfrac{\Delta_{vap}H_m}{RT^2}$$

式中,R 的量纲是 $L^2MT^{-2} \cdot \Theta^{-1} \cdot N^{-1}$,$\Delta_{vap}H_m$ 的量纲是 $ML^2T^{-2}N^{-1}$,则

$$d\ln p = \dfrac{\Delta_{vap}H_m \cdot dT}{RT^2} = \dfrac{ML^2T^{-2}N^{-1}\Theta}{L^2MT^{-2} \cdot \Theta^{-1} \cdot N^{-1}\Theta^2} = 1$$

因此,$d\ln p$ 为无量纲的量。所有的对数值都是无量纲的量,同时它的真数也应是无量纲的,为了明确表示这一点,$\ln p$ 应表示为 $\ln(p/$压力单位$)$。

三、误差分析

在科学实验中,我们要找出被研究变量间的规律,以达到继续深入认识客观世界和有效服务于生产实践的目的。因此,一方面要对实验方案进行分析研究,选择适当的测量方法进行数据的直接测量;另一方面还必须将所得数据加以整理归纳,去伪存真,从而得到正确的结论。完成这两方面的工作,树立正确的误差概念是很有必要的。下面我们介绍有关的基本概念。

(一)准确度和精密度

通过实验获得的数据,其精确性和可靠性如何?这是我们首先关心的,准确度和精确度就是与此相关的概念。

准确度是指测量值与真实值符合的程度,用它来衡量测量结果的正确性。

精密度是指测量中所测数值重复性的好坏,如果所测数据重复性好,那么实验结果的精密度高。

有两点应该注意:

(1)实际测量值都只能是近似值,我们所指的真值是用校正过的仪器多次测量所得的算术平均值或者是载于文献手册的公认值。

(2)在多次测量同一物理量中,尽管精密度很高,但准确度不一定好。例如,在 1 个大气压下,测量水的沸点 50 次,假如每次测量的数值,都在 98.2~98.3℃ 之间,如 98.25℃、98.23℃、98.28℃…,这表明所测数值重复性好,也就是这些测量的精密度很高,但是它们并不准确,因为在 1 个大气压下,水的沸点是 100℃,上述测量值存在系统的偏差。可见,高的精密

度不能保证高的准确度,但高的准确度必须有高的精密度来保证。

如何定量地表示精密度呢?常用的办法是考虑测量数值的有效数字位数。如用两支温度计测量同一恒温水浴温度,一支温度计最小的分度是1℃,测得温度为(25.2±0.2)℃。另一支温度计最小分度是0.1℃,测得温度是(25.18±0.02)℃。第二支温度计测量结果包含4位有效数字,它的读数精度比第一支高。记录中0.2℃和0.02℃都是精密度的一个量度,这些值也可称为相应测量中最小读数精密度。

(二)误差种类及产生的原因

任何一次测量中,无论所用仪器如何精密完善,实验者如何小心翼翼,所得结果仍不能完全一致,常有一定的差异。观测值和真值之差称为误差,观测值和所有观测值的平均值之差称为偏差。习惯上将二者混用而不加以区别。

误差一般可分为三类:

1. 系统误差

这种误差是由一定原因引起,它使测量结果恒偏大或恒偏小,其数值或是基本不变,或是按一定规律变化,但总可设法加以确定。因而在多数情况下,它们对测量结果的影响可以用改正量来校正。

产生系统误差的原因主要是:

(1)测量方法本身的限制。如应用固-液界面吸附测定溶质分子的横截面积,因实验原理中没有考虑溶剂的吸附,所以测定结果必然出现系统误差。

(2)对实验理论探讨不够,或者考虑影响因素不全面。如称量时未考虑空气的浮力,温度计读数时没有校正等。

(3)仪器药品带来的误差。如滴定管、移液管的刻度不准确,天平不灵敏,药品不纯净引起所配溶液的浓度不准确等。

(4)实验者本人习惯性的误差。如滴定时对溶液颜色的变化不敏感;读数时习惯偏向一侧;使用秒表时,总是按得较快或较慢。

系统误差恒偏向一方,所以增加实验次数,并不能使之消除。消除系统误差,一般可采取下列措施:

(1)仔细考虑所用的实验方法、计算公式,并采取相应措施,尽量减小由此产生的系统误差。

(2)用标准样品或标准仪器,校正由于仪器所产生的系统误差。

(3)用纯化样品,校正由样品不纯引起的系统误差。

(4)用标准样品,校正由实验者本人习惯性引起的系统误差。

2. 过失误差

这是由于实验过程中犯了某种不应有的错误所引起的,如读数读错,记录记错,计算算错,或实验条件的突然改变。如果实验中发现了过失误差,应及时纠正,并将所得数据丢弃。

3. 偶然误差

即使系统误差已被改正,但在同一条件下,以同等仔细程度对某一个量进行重复观察时,仍会发现测量值间存在微小差别,这种差别的产生是没有一定原因的,差值的符号和大小也不确定。例如,观察温度或电流时呈现微小的起伏,估计仪器最小分度时而偏大或偏小,在判断滴定终点时对指示剂颜色变化的观察每次不可能完全相同等。

在任何测量中,偶然误差总是存在的,但在同样的条件下,用同一精度的仪器,对同一物理量作多次重复测量,则可发现偶然误差完全服从统计规律。误差的大小及正负,完全由几率决定,我们没有理由认为误差偏向一方比偏向另一方更为可能。因此,随着测量次数的增加,偶然误差的算术平均值将趋于零,多次测量结果的平均值将趋于真值。

由于系统误差可以消除,过失误差不能允许,本书以后所讲的误差如无特别指明,都是偶然误差。

误差可用绝对误差和相对误差来表示。

$$绝对误差 = 测量值 - 真值$$

$$相对误差 = 绝对误差/真值$$

绝对误差的单位与被测量之量的单位相同,而相对误差是无因次的,因此不同的物理量的相对误差是可以比较的。另外,绝对误差的大小与被测之量大小无关,而相对误差与被测之量的大小及绝对误差的数值都有关系。因此,不论是比较各种测量的精度,或是评定测量结果的质量,采用相对误差更为合理。

(三)可疑观察值的舍弃

在测量的过程中,经常发现有个别数据很分散,如果保留它,则计算出的误差将较大,初学者多倾向于舍弃这些数据,企图获得数据的较好重复性,这种任意舍弃不合心意的数据是不科学的。在实验过程中,只有充分证明在实验中有某种过失,如称量时砝码加减有错误,样品在实验中被玷污或溅失等,才能决定舍弃某一坏数据。如果没有充分的理由,则只有根据误差理论决定数据的取舍。

从概率的理论可知,偏差大于 3σ 的数据出现的概率只有 0.3%。所以在一组相当多的数据中,偏差大于 3σ 的数据可以舍弃,并有 99% 以上的把握认为这个数据是不合理的,故通常把这一数值称做极限误差,即

$$\delta_{极限} = 3\sigma$$

然而,问题是如何从少数几次观测值中舍弃可疑值。因为测量次数少,概率论已不适用,而个别失常测量值对算术平均值影响又很大。

H. M. Goodwin 曾提出一个简单的判断法,即略去可疑观察值后,计算其余各观察平均值及平均偏差 ε,然后算出可疑观察值与平均值的偏差 d。如果

$$d \geq 4\varepsilon$$

则此可疑值可以舍弃。因为这种观测值存在的概率大约只有 1‰。

(四)测量结果的正确记录和有效数字

在实验工作中,对任一物理量的测定,其准确度都是有限的,我们只能以某一近似值表示,因此记录的测量数据的准确度就不能超过测量所允许的范围。如果任意将记录值保留过多的位数,反而歪曲了测量结果的真实性。为了保证测量结果及数据处理的真实可靠,将有关法则简述如下:

(1)记录测量数据时,一般只保留 1 位可疑数字。例如,滴定管的最小刻度为 $0.1 cm^3$,在读数时只能估读到 $0.01 cm^3$,不能估读出 $0.001 cm^3$,因此假如一读数为 $32.47 cm^3$,此时的末位数 7 已是估读出来的,在末位上可能有正负一个单位的出入,有人也许会读 $32.46 cm^3$,有人也许会读 $32.48 cm^3$,而绝大多数情况,所得读数介于 $32.46 cm^3$ 与 $32.48 cm^3$ 之间。故末一位

数字是不准确的或是可疑的,而前面的三位数 3、2、4 则是准确的。在记录数据时,只应保留 1 位可疑数字即 32.47 cm³。我们将准确的数字和末位的可疑数字通称为有效数字,此时有 4 位有效数字。

一般说来,可疑数字表示末位上有 ±1 个单位,或下一位有 ±5 个单位的误差。因此,记录的 32.47 cm³ 实为 (32.47 ± 0.01) cm³。

(2) 在整理最后结果时,要按测量的误差进行化整,表示误差的有效数字一般只取 1 位,最多不超过 2 位,如 32.47 ± 0.01,1.4 ± 0.1。

(3) 有效数字的位数越多,数值的精度也越高,即相对误差越小,如:

(1.35 ± 0.01) m,3 位有效数字,相对误差为 0.01/1.35 = 0.7%。

(1.350 0 ± 0.000 1) m,5 位有效数字,相对误差为 0.007%。

(4) 有效数字的位数与十进制单位的变换无关,与小数点位数无关。如 (1.35 ± 0.01) m 与 (135 ± 1) cm 完全一样,反应了同一个实际情况,都有 0.7% 的误差。但在另一种情况下,例如,15 800 这个数值就无法判断后面两个 0 究竟是用来表示有效数字的,还是用来表示小数点位置的。为了避免这种困难,我们常常采用指数表示法。15 800 若表示 3 位有效数字,则可写成 1.58×10^4;若表示 4 位有效数字,则可写成 1.580×10^4。又如,0.000 000 135 只有 3 位有效数字,则可写成 1.35×10^{-7}。所以指数表示法不但避免了与有效数字的定义发生矛盾,也简化了数值的写法,便于计算。

(5) 若第 1 位数字等于或大于 8,则有效数字的总数可以多算 1 位。例如,9.15 虽然实际上只有 3 位有效数字,但在运算时,可以看作 4 位。

(6) 运算中舍弃过多的不定数值时,应用"4 舍 6 入逢 5 尾留双"的法则。例如,有下列两个数值:9.345、4.685 整化为 3 位数,根据上述法则,整化后的数值为 9.34、4.68。

(7) 加减运算时,各数值小数点后所取的位数,以其中小数点后位数最少的为准。例如,0.012 1、25.64 和 1.057 8 相加,其和应为 0.01 + 25.64 + 1.06 = 26.71,因为 25.64 只准确到小数点后两位,尽管第 1 个数值及第 3 个数值的准确度比 25.64 高,但相加的结果的准确度不能超过小数点后第 2 位。

(8) 乘除运算中,各数保留的有效数字,应以其中有效数字最低者为准。例如,$1.436 \times 0.205\ 68 \div 85$,其中 85 的有效数字位数最少,由于首位是 8,所以可看成 3 位有效数字,其余两个数值也应保留到第 3 位,最后结果也只保留 3 位有效数字,即 $1.44 \times 0.206 \div 85 = 3.49 \times 10^{-3}$。

(9) 用对数运算时,对数中首数不是有效数字,对数尾数的位数,与真数的有效数字相当,如 lg 317.2 = 2.501 3。

(10) 计算式中的常数如 π、e 及乘子加 2、1/2 和一些取自手册的常数,可以按需要取有效数字。例如,当计算式中有效数字最低者是 3 位,则上述常数取 3 位或 4 位即可。

(11) 计算平均值时如参加平均的数值有 4 个以上,则平均值的有效数字可多取 1 位。

(五) 间接测量结果的误差计算

在大多数情况下,要对几个物理量进行测量,再通过函数关系加以运算,才能得到所需的结果,这就称为间接测量。在间接测量中每个直接测量值的精确度都会影响最后结果的精确度。因此须查明直接测量值的误差对函数(间接测量值)误差的影响,从而找出函数的最大误差来源,以便合理配置仪器和选择实验方法。这一过程常称为"误差分析"。

误差分析本限于对结果最大误差的估计,因此对各直接测量值,只须预先知道其最大误差误差范围就够了。当系统误差已经改正,而操作控制又足够精密时,通常可用仪器读数精度来表示测量误差范围,如分析天平是 ±0.002g,50cm³ 滴定管是 ±0.02cm³,贝克曼温度计是 ±0.002℃ 等。

但是也有不少例子可以说明操作控制精度与仪器精度不相符合,例如,恒温系统温度的无规律变化是 ±1℃,而测温用的温度计的精度是 ±0.1℃,这时的测温误差主要由温度控制的精度所决定。

在估计函数的最大误差时,应考虑到不利的情况是直接测量值的正负误差不能抵消,从而引起误差积累,故算式中各直接测量值的误差取绝对值。

下面分别讨论从直接测量的误差来计算间接测量的平均误差和标准误差。

1. 间接测量结果的平均误差

设函数 $U = f(x, y)$,U 由直接测量值 x, y 决定。

对上式全微分:$dU = \left(\dfrac{\partial U}{\partial x}\right)_y dx + \left(\dfrac{\partial U}{\partial y}\right)_x dy$

$$\dfrac{dU}{U} = \dfrac{1}{f(x, y)}\left(\dfrac{\partial U}{\partial x}dx + \dfrac{\partial U}{\partial y}dy\right)$$

设各自变量的绝对误差 $(\Delta x, \Delta y)$ 很小,可代替它们的微分 dx, dy,并考虑误差积累而取其绝对值,这时

$$\Delta U = \left|\dfrac{\partial U}{\partial x}\right||\Delta x| + \left|\dfrac{\partial U}{\partial y}\right||\Delta y|$$

$$\dfrac{\Delta U}{U} = \dfrac{1}{f(x, y)}\left[\left|\dfrac{\partial U}{\partial x}\right||\Delta x| + \left|\dfrac{\partial U}{\partial y}\right||\Delta y|\right]$$

或 $\quad d\ln U = d\ln f(x, y)$

由此可见,用微分法进行函数相对误差的计算是比较简便的。

部分函数的误差列于表 1-2。

有关百分误差的计算,可参考表 1-2 进行运算。例如,

表 1-2 百分误差计算式

函数关系	绝对误差	相对误差
$U = x + y$	$\pm(|dx| + |dy|)$	$\pm\left(\dfrac{|dx| + |dy|}{x + y}\right)$
$U = x - y$	$\pm(|dx| + |dy|)$	$\pm\left(\dfrac{|dx| + |dy|}{x - y}\right)$
$U = xy$	$\pm(x|dx| + y|dy|)$	$\pm\left(\dfrac{|dx|}{x} + \dfrac{|dy|}{y}\right)$
$U = \dfrac{x}{y}$	$\pm\left(\dfrac{y|dx| + x|dy|}{y^2}\right)$	$\pm\left(\dfrac{|dx|}{x} + \dfrac{|dy|}{y}\right)$
$U = x^n$	$\pm(nx^{n-1}dx)$	$\pm\left(n\dfrac{|dx|}{x}\right)$
$U = \ln x$	$\pm\left(\dfrac{dx}{x}\right)$	$\pm\left(\dfrac{dx}{x\ln x}\right)$

$$U = \frac{x}{y}$$

相对误差为

$$\frac{\Delta U}{U} = \frac{\Delta x}{x} + \frac{\Delta y}{y}$$

百分误差则为

$$\frac{\Delta U}{U} \times 100 = \frac{\Delta x}{x} \times 100 + \frac{\Delta y}{y} \times 100$$

[例1.4] 以苯为溶剂,用凝固点降低法测定萘的相对摩尔质量时,有下式计算:

$$M = \frac{K_f W_B}{W_A(t_0 - t)}$$

式中,t_0 为溶剂凝固点(℃);t 为溶液凝固点(℃);W_A 为溶剂质量(g);W_B 为溶质质量(g);K_f 为 $5.12\text{K} \cdot \text{kg} \cdot \text{mol}^{-1}$。

因此

$$\frac{\Delta M}{M} = \pm \left(\frac{\Delta W_A}{W_A} + \frac{\Delta W_B}{W_B} + \frac{\Delta t_0 + \Delta t}{t_0 - t} \right)$$

由于测定凝固点的操作条件难于控制,为了提高精度而采用多次测量。称量的精度一般都较高,只进行一次测量。

用贝克曼温度计3次测量溶剂凝固点的结果是:

$$t_{01} = 5.800℃ \quad t_{02} = 5.790℃ \quad t_{03} = 5.802℃$$

平均值:
$$\bar{t}_0 = \frac{(5.800 + 5.790 + 5.802)℃}{3} = 5.797℃$$

各次测量偏差:
$$\Delta t_{01} = (5.800 - 5.797)℃ = +0.003℃$$
$$\Delta t_{02} = (5.790 - 5.797)℃ = -0.007℃$$
$$\Delta t_{03} = (5.802 - 5.797)℃ = +0.005℃$$

平均误差:
$$\overline{\Delta t_0} = \frac{(0.003 + 0.007 + 0.005)℃}{3} = \pm 0.005℃$$

3次测量溶液凝固点的结果是:

$$t_1 = 5.500℃ \quad t_2 = 5.504℃ \quad t_3 = 5.495℃$$

平均值: $\bar{t} = 5.500℃$

平均误差:
$$\overline{\Delta t} = \pm 0.003℃$$
$$\bar{t}_0 - \bar{t} = 5.797℃ - 5.500℃ = 0.297℃$$
$$\overline{\Delta t_0} + \overline{\Delta t} = \pm (0.005 + 0.003)℃ = \pm 0.008℃$$
$$\frac{\Delta M}{M} = \pm (1.4 \times 10^{-3} + 2.5 \times 10^{-3} + 0.027) = \pm 0.031$$
$$M = \frac{(5.12\text{K} \cdot \text{kg} \cdot \text{mol}^{-1}) \cdot (0.147\,2\text{g})}{(20.00\text{g}) \cdot (0.297\text{K})} = 127\text{g} \cdot \text{mol}^{-1}$$
$$\Delta M = (127\text{g} \cdot \text{mol}^{-1}) \times 0.031 = 3.9\text{g} \cdot \text{mol}^{-1}$$

其他各测量值及相对误差见表1-3。

表1-3 测量值及相对误差

测量值	仪器精度	相对误差
$W_B = 0.1472\text{g}$	$\pm 0.0002\text{g}^*$	$\dfrac{\Delta W_B}{W_B} = \dfrac{0.0002\text{g}}{0.1472\text{g}} = \pm 1.4 \times 10^{-2}$
$W_A = 20.00\text{g}$	$\pm 0.05\text{g}^{**}$	$\dfrac{\Delta W_A}{W_A} = \dfrac{0.05\text{g}}{20.00\text{g}} = \pm 2.5 \times 10^{-2}$
$\bar{t}_0 - \bar{t} = 0.297\text{℃}$	$\pm 0.002\text{℃}^{***}$	$\dfrac{\Delta t_0 + \Delta t}{t_0 - t} = \dfrac{0.008\text{℃}}{0.297\text{℃}} = \pm 2.7 \times 10^{-2}$

注:*分析天平;**工业天平;***贝克曼温度计。

故结果可写成:萘的相对摩尔质量 $M_r = 127 \pm 4$。

从直接测量值的误差来看,测定相对摩尔质量时最大的相对误差为3.0%,它来源于温度差的测量;而温度差测量的相对误差则取决于测温的精度和温差的大小。测温精度受到温度计精度和操作技术条件的限制。增多溶质可使凝固点下降增大,即能增大温差,但溶液浓度增加到不符合上述公式要求的稀溶液条件,从而引入另一系统误差,实际上达不到使相对摩尔质量测得更准确些的目的。

计算结果表明,由于溶剂用量较大,使用工业天平其相对误差仍然不大。因此提高称重的精度并不能增加测定的精度,过分精确的称量(如用分析天平称溶剂质量 W_A)是不适宜的。当然,对于溶质则因其用量少,就需用分析天平称量。

从上面分析可知,实验的关键是温度的读数。因此,在实验操作中,有时为了避免过冷现象的出现影响温度读数,而加入少量固体溶剂作为晶种,反而能获得较好的结果。可见事先了解各个所测之量的误差及其影响,就能指导我们正确地选择实验方法,选用精确度相当的仪器,抓住测量的关键,得到较好的结果。

这里要再次指出,只有当测量的操作控制精度与仪器精度相符合时,才能以仪器精度估计测量的最大误差。贝克曼温度计的读数精度可达 ± 0.002℃,但例1.4中测定温差的最大误差可达 ± 0.008℃,就是一例证。

2. 间接测量结果的标准误差

设直接测量的数据为 x 和 y,其函数关系为
$$U = f(x, y)$$
则函数的标准误差为
$$\sigma_u = \sqrt{\left(\dfrac{\partial u}{\partial x}\right)^2 \sigma_x^2 + \left(\dfrac{\partial u}{\partial y}\right)^2 \sigma_y^2}$$

上式是计算最终结果标准误差的普遍公式。例如,
$$u = \dfrac{x}{y}$$
$$\sigma_u = u \cdot \sqrt{\dfrac{\sigma_x^2}{x^2} + \dfrac{\sigma_y^2}{y^2}}$$

四、数据的表达方式

物理化学实验结果的表达方式主要有 3 种：列表法、作图法和方程式法。下面分别叙述这 3 种方法的应用及注意事项。

（一）列表法

在进行物理化学实验时，常常得到大量的数据，应该尽可能列表，使其整齐有规律地表达出来，便于运算处理，同时也便于检查，以减少差错。

用列表法表达实验数据时，主要是将自变量 x 和因变量 y 对应列出，以便可以清楚地看出二者的关系。

列表时应注意以下几点：

(1) 每一表格有简明完备的名称。

(2) 每一变量应占表中一行（列），每一行（列）的第一列（行）写上该行（列）变量的名称及单位。

(3) 通常选择较简单的变量如温度、时间、浓度等作为自变量，选择时最好使其数值依次等量递增地变化。如果实际测定时不能这样做，可以先将直接测定的结果按自变量和因变量作图，再从图上读出新的等量递增的自变量数据，再用表格列出相应的因变量。这种方法在测定随时间改变的物理量时最常用。

(4) 每一行中，数字的排列要整齐，位数和小数点要对齐，应特别注意有效数字的位数。

表 1-4 给出的是乙胺在不同温度下的蒸气压数据表。

表 1-4 乙胺在不同温度下的蒸气压

$t/℃$	-13.9	-10.4	-5.6	0.9	5.8	11.5	16.2
T/K	259.25	262.75	267.55	274.05	278.95	284.65	289.35
$10^3 T/K$	3.85	3.80	3.73	3.65	3.58	3.51	3.45
p/mmHg	183.0	234.0	281.8	371.5	481.3	595.7	750.5
$\lg(p/\text{mmHg})$	2.26	2.37	2.45	2.57	2.68	2.78	2.88

（二）作图法

利用作图法来表达物理化学实验数据有许多优点。首先它能清楚地显示出所研究的变化规律与特点，如极大、极小、转折点、周期性、数量变化的速率等重要性质；其次在图上易于找出所需数据，便于数据的分析比较和进一步得出函数关系的数学表达式。如果曲线足够光滑，可作图解微分和图解积分，有时还可用作图外推以求得实验难于获得的量。

利用绘制的函数图形可以：

(1) 求内插值。根据实验所得数据，作出函数间相互的关系曲线，然后找出与某函数相应的物理量的数值。例如，在溶解热的测定中，根据不同浓度时的积分溶解曲线，可以直接找出某一种盐溶解在不同量的水中时所放出的热量。

(2) 求外推值。在某些情况下，测量数据间的线性关系可用于外推至测量范围以外，求某一函数的极限值,此种方法称为外推法。例如,无限稀释强电解质溶溶的摩尔电导 Λ_m 的值不能由实验直接测定,因为无限稀释的溶液本身就是一种极限溶液。但可测得不同浓度的准确摩尔电导值,直至测不出,然后作图外推至浓度为0,即得无限稀释溶液的摩尔电导。

(3) 作切线求函数的微商。从曲线的斜率求函数的微商在物理化学实验数据处理中是经常应用的。例如,应用积分溶解热的曲线作切线,由其斜率求出某一指定浓度下微分冲淡热值,就是一个很好的例子。

(4) 求经验方程式。例如,反应速率常数 k 与活化能 E 的关系式即阿仑尼乌斯公式:

$$k = Ae^{-E/RT}$$

假若根据不同温度下的 k 值作 $\lg k$ 和 $\dfrac{1}{T}$ 的图,则可得一条直线,由直线的斜率和截距分别可求得活化能 E 和碰撞频率因子 A 的数值。

(5) 由求面积计算相应的物理量。例如,在求电量时,只要以电流和时间作图,求出相应一定时间的曲线下所包围的面积即得电量数值。

(6) 求转折点和极值。例如,最高和最低恒沸点的测定等。

由于作图法应用极为广泛,因此对于作图技术应该认真掌握。下面介绍一般的作图步骤及规则:

1. 坐标纸的选择与横纵坐标的测定

直角坐标纸最为常用,此外半对数或对数坐标纸在处理某些实验数据中能节省时间,当有 3 个变量要同时作图时,可用三角坐标纸。

例如,半对数坐标纸对蒸气压或黏度这一类实验数据特别有用。在这里,当蒸气压或黏度的对数对绝对温度的倒数作图时能得到直线,此时,蒸气压或黏度直接绘在对数轴上,绝对温度的倒数标绘在普通轴上。用这种方法不必查许多数据的对数。

全对数坐标纸表示吸附实验结果很方便。

在用直角坐标纸作图时,习惯上以自变量为横轴,因变量为纵轴,如无特殊需要(如直线外推求截距),就不必以坐标原点作标度起点,而从略低于最小测量值的整数开始,这样能充分利用坐标纸,也有助于提高作图精度。例如,测定物质 B 在溶液中的摩尔分数 x_B 与溶液蒸气压 p,得到数据见表 1-5。

表 1-5 物质 B 在溶液中的摩尔分数与溶液蒸气压

x_B	0.02	0.20	0.30	0.58	0.78	1.00
p/kPa	128.7	137.4	144.7	154.8	162.0	172.5

由于溶液的蒸气压 p 随摩尔分数 x_B 而变,因此我们取 x_B 为横坐标,p 为纵坐标。

2. 坐标的范围

确定坐标的范围就是要包括全部测量数据并稍有余地。上例中,x_B 的变化范围:$1.00 - 0.02 = 0.98$,p 的变化范围:$(172.5 - 128.7)\text{mmHg} = 43.8\text{mmHg}$。坐标的原点初步可定为 $(0, 125.0)$,横坐标 x_B 的范围可取 $0 \sim 1.00$,纵坐标 p 的范围可取 $125.0 \sim 175.0$。

3. 坐标比例尺的选择

坐标轴比例尺的选择极为重要。由于比例尺的改变,曲线形状也将跟随着改变,若选择不当,可使曲线的某些相当于极大、极小或转折点的特殊部分就看不清了。

比例尺选择的一般原则如下:

(1)要能表示全部有效数字,以便作图法求出各量的准确无误度与测量的准确度相适应,为此将测量误差较小的量取较大的比例尺。

由实验数据作出曲线后,则结果的误差是由两个因素所引起,即实验数据本身的误差及作图带来的误差,为使作图不致影响实验数据的准确度,一般将作图的误差尽量减少到实验数据的1/3以下[①],这就使作图误差可以忽略不计了。

(2)图纸每一小格所对应的数值既要便于迅速简便地读数,又要便于计算,如1、2、5或者是1、2、5的10^n倍(n为正或负整数),要避免用3、7、9这样的数值及它的10^n倍。

(3)若作的图形为直线,则比例尺的选择应使直线与横坐标的交角可能接近于45°。

确定比例尺的方法可选用下列3种方法中的任一种,结果都相同。

(1)第一种方法:

图纸每小格有0.2格的误差,若作图带来的误差要小于x_B的误差1/3才能不影响实验的准确度。如x_B的比例尺即每小格代表x_B的量以γ_{x_B}表示,γ_{x_B}和x_B的误差Δx_B的关系是

$$\gamma_{x_B} \times 作图误差 \leqslant \frac{1}{3}实验误差$$

$$\gamma_{x_B} \times 0.2 \leqslant \frac{1}{3}\Delta x_B$$

实验数据中没有给出x_B的误差,但从数据的有效数字来看,一般认为有效数字末位有一个单位误差。即$\Delta x_B = 0.01$,代入上式得

$$\gamma_{x_B} \times 0.2 \leqslant \frac{0.01}{3}$$

故

$$\gamma_{x_B} \leqslant \frac{0.01}{3 \times 0.2} = 0.017$$

每小格为0.017是属不完整数值,不可作为比例尺,只能改变为0.02或0.01,设$\gamma_{x_B} = 0.02/$格,则作图误差为$0.02 \times 0.2 = 0.04$,是Δx_B的1/2.5,如以$\gamma_{x_B} = 0.02/$格作图所绘曲线太小,不适用。

当$\gamma_{x_B} = 0.01/$格时,作图误差为$0.01 \times 0.2 = 0.002$,是Δx_B的1/5。因此取$\gamma_{x_B} = 0.01/$格为宜。

(2)第二种方法:

利用逐步推算方法,以使图纸引起的误差可以忽略不计。

设取$\gamma_{x_B} = 0.1/$格,则图纸引起的误差为$0.1 \times 0.2 = 0.02$,而不足Δx_B的1/3。

设取$\gamma_{x_B} = 0.05/$格,则图纸引起的误差为$0.05 \times 0.2 = 0.01$,还不足Δx_B的1/2。

设取$\gamma_{x_B} = 0.01/$格,则图纸引起的误差为$0.01 \times 0.2 = 0.002$,此值为Δx_B的1/5。

---

① 若x_B的误差为0.3%,作图的误差为0.1%(即作图误差为实验数据的1/3),则两者引起误差按统计均方根法计算为$\sqrt{(0.3\%)^2 + (0.1\%)^2} = 0.32\%$,显然可以将作图引起的误差忽略不计。

因此取 $\gamma_{x_B} = 0.01/$格为宜。

(3) 第三种方法：

把每小格当作 x_B 的有效数字中末位的一个单位或两个单位，这在没有给出测定值的误差时此法最为方便。

上例中 x_B 的有效数字中末位是在小数点后第 2 位，所以可取 $\gamma_{x_B} = 0.01/$格或 $\gamma_{x_B} = 0.02/$格，如取 $\gamma_{x_B} = 0.02/$格，图纸带来的误差 $0.02 \times 0.2 = 0.004$，为 Δx_B 的 1/2.5，一般也可采用，但作图时只用 50 格，因此还是取 $\gamma_{x_B} = 0.01/$格为宜，一方面既忽略作图的误差，另一方面又使绘成图形不会太小。

4. 画坐标轴

选定比例尺后，画上坐标轴，在轴旁注明该轴所代表变量的名称和单位，在纵轴的左面和横轴下面每隔一定距离写下该处变量应有之值(标度)，以便作图及读数，但不应将实验值写在坐标轴旁，读数横轴自左至右，纵轴自下而上。

上面已经确定 x_B 的比例尺为 0.01/格，即横坐标每小格为 0.01，x_B 的变化范围从 0.02 至 1.00，所以横坐标取 100 小格，起点为 0，纵坐标也应取 100 小格左右，p 的变化范围为 4.3 mmHg，所以 $\gamma_p = 43.0/100 = 0.43$，可取 0.5 mmHg，这样纵坐标长度约为 90 小格，起点可定为 125 mmHg/格。

已知 $\gamma_{x_B} = 0.01/$格，$\gamma_p = 0.5$ mmHg/格，坐标起点为 (125, 0)，即可在坐标纸上做好标度。没有必要在每个小格上标度，而可在每隔相同间隔(20 或 50 小格)处进行标度。如上例，横坐标在 0、20、40、60、80 及 100 小格处写上 0、0.02、0.04、0.06、0.08 及 1.00，纵坐标在起点、50 小格和 100 小格处分别写上 125、150、175 即可。注意，标度值写在横轴下方，纵轴左方。在横坐标端点的下方和纵坐标端点的左方分别写上 x_B 和 $p/$mmHg。

5. 描点

将相当于测得数值的各点绘于图上，在点的周围画上小叉、小圆圈、小方块或其他符号，这些符号应有足够大小，以粗略表明测量误差范围。在一张图纸上如有数组不同的测量值时，各组测量值所代表点应以不同符号表示，以示区别，并且须在图上注明。

6. 连曲线

把点描好后，用曲线板或曲线尺作出尽可能接近于各实验的曲线，曲线应平滑均匀，细而清晰，曲线不必通过所有各点，但各点应在曲线两旁分布，且数量上应近似于相等，各点和曲线间距离表示了测量的误差，曲线与代表点间的距离应尽可能小，并且曲线两侧各点与曲线间距离之和应近于相等。

如果在理论上已阐明自变量和因变量为直线关系，或从描点后各点走向看来是一直线就应画为直线，否则按曲线来反映这些点的规律。

在画出直线时，一般先取各点的重心，此重心位置是两个变量的平均值。上例中此溶液具有理想溶液的性质，故 x_B 与 p 应为直线关系。在 $x_B - p$ 图中 $x_B = 0.48$，$p = 150.0$ mmHg。坐标 (150.0, 0.48) 即为图上各点的重心，通过此重心，选好一直线，使各点在此直线两边分布较均匀(若不是直线关系，则不必求重心)。

直线是曲线中最易作且作图精度高的线，使用也方便，为了使函数关系能在图上表示成直线，常常将某些函数直线化。所谓直线化就是将函数转换成线性函数，详细内容参见方程式法。

7. 写图名

写上清楚完备的图名及坐标轴的比例尺。图上除了图名、比例尺、曲线、坐标轴及读数之外，一般不再写其他内容及作其他辅助线。数据亦不要写在图上，但在实验报告上应有相应完整的数据。上例中在图的下面写明"溶液蒸气压和物质 B 的浓度关系图"即 $p-x_B$ 关系图，见图 1-1。

8. 切线的作法

在曲线上作切线，通常用下面两种方法：

（1）镜像法：若需在曲线上任一点 Q 作切线，可取一平面镜垂直放在图纸上，使镜面和曲线的交线通过 Q 点，并以 Q 点为轴，旋转平面镜，使镜外的曲线和镜中的曲线的像，成为一光滑曲线时，沿镜边作直线 AB，这就是法线，通过 Q 点作 AB 的垂线 CD，CD 线即为切线，如图 1-2 所示。

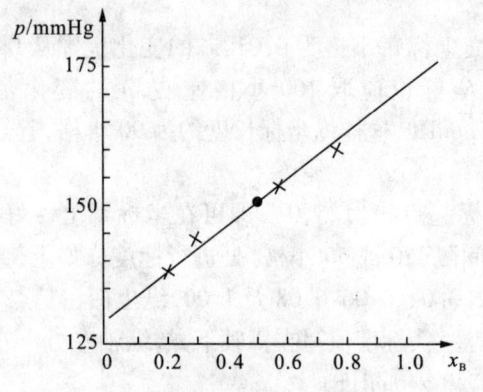

图 1-1 溶液蒸气压与物质 B 的浓度关系图

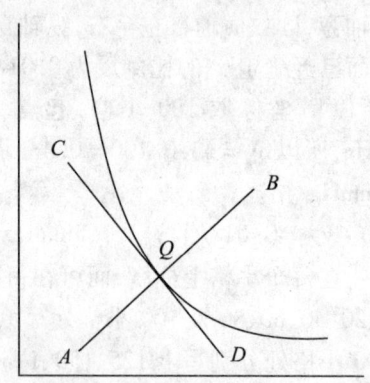

图 1-2 镜像法作切线示意图

（2）双玻棒法：选两条均匀的圆玻棒，并排置于曲线的 T 点（T 点为拟作切线之点），转动玻棒，使曲线呈连续，两玻棒的界线即为曲线上 T 点的法线，进而作出切线，如图 1-3 所示。

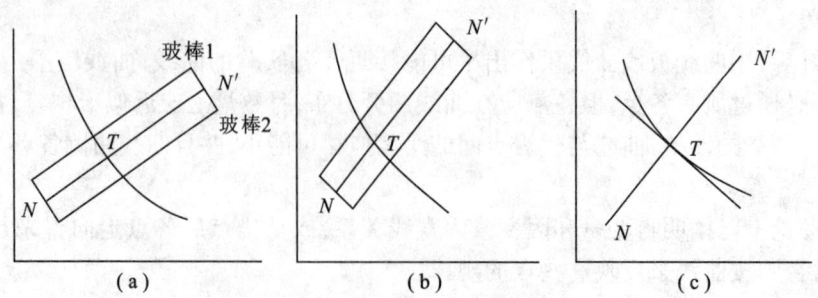

图 1-3 双玻棒法作切线示意图

9. 正确选用绘图仪器

绘图所用的铅笔应该削尖，才能使线条明晰清楚，作图时先用铅笔轻微描绘，然后作墨水复绘，干后将铅笔线擦掉，绘图时应该用直尺或曲线尺辅助，不要仅靠手来素描，选用的直尺或曲尺应透明，才能全面地观察实验点的分布情况，作出合理的线条来。

(三)方程式法

每一组实验数据可以用数字经验方程式表示,这不但表达方式简单,记录方便,而且也便于求微分、积分和内插值。实验方程式是客观规律的一种近似描绘,它是理论探讨的线索和根据。例如,发现液体或固体的饱和蒸气压 p 与温度 T 符合下列经验式。

$$\ln p = \frac{A}{T} + B$$

后来由化学热力学原理可推出饱和蒸气压与温度有如下的关系:

$$\ln p = -\frac{\Delta_{vap}H_m}{RT} + 常数$$

因此作 $\ln p$ 与 $1/T$ 的图,由直线的斜率可求得 A 的值,而 $A = -\Delta_{vap}H_m/R$,这样就可以求出 $\Delta_{vap}H_m$。

下面是建立经验方程式的基本步骤:
(1)将实验测定的数据加以整理与校正。
(2)选出自变量和因变量并绘出曲线。
(3)由曲线的形状,根据解析几何的知识,判断曲线的类型,写出函数形式。
(4)有些函数图形可以通过变量变换为直线式。常见的例子见表1-6。

表1-6 函数图形变换为直线式

方程式	变 换	直线化后得到的方程式
$y = ae^{bx}$	$Y = \ln y$	$Y = \ln a + bx$
$y = ax^b$	$Y = \lg y, X = \lg x$	$Y = \lg a + bx$
$y = \dfrac{1}{a+bx}$	$Y = \dfrac{1}{y}$	$Y = a + bx$
$y = \dfrac{x}{a+bx}$	$Y = \dfrac{x}{y}$	$Y = a + bx$

(5)用作图法、计算法来决定经验公式中的常数。

下面介绍直线方程的确定方式:

①作图法。

简单方程 $y = a + bx$,在 x-y 的直角坐标图上,由数据描点得一直线,可用两种方法求 a 和 b。

方法一:截距斜率方法。将直线延长交于 y 轴,在 y 轴上的截距为 a,而直线与 x 轴的交角若为 θ,则斜率 $b = \tan\theta$。

方法二:端值方法。在直线两端选两个点 (x_1, y_1)、(x_2, y_2),将它们代入上式即得:

$$\begin{cases} y_1 = a + bx_1 \\ y_2 = a + bx_2 \end{cases}$$

由此可得:

$$b = \frac{y_1 - y_2}{x_1 - x_2}$$

$$a = y_1 - bx_1 = y_2 - bx_2$$

②计算法。

不用作图而直接由所测数据进行计算。设实验得到 n 组数据 (x_1, y_1)、(x_2, y_2)、(x_3, y_3)、…、(x_n, y_n)。

代入方程 $y = ax + b$ 中,得一方程组:

$$\begin{cases} y_1 = a + bx_1 \\ y_2 = a + bx_2 \\ \vdots \\ y_n = a + bx_n \end{cases}$$

由于测定值各有偏差,定义

$$\sigma_i = y_i - (a + bx_i) \quad i = 1, 2, 3, \cdots$$

σ_i 为一组数据的残差。对残差的处理有两种不同方法。

方法一:平均法。平均法依据原理为:在一组测量中,正负偏差出现的机会相等,故在最佳代表线上,所有偏差的代数和将为零,即

$$\sum_{i=1}^{n} \sigma_i = 0$$

例如,有一组数据(表 1-7):

表 1-7 数据 x, y

x	1	3	8	10	13	15	17	20
y	3.0	4.0	6.0	7.0	8.0	9.0	10.0	11.0

已知 x, y 为线性关系,即 $y = a + bx$,a、b 为待定常数。将数据依次代入 $y = a + bx$,得下列 8 个方程式:

$$a + b = 3.0 \quad (1-1) \qquad a + 13b = 8.0 \quad (1-5)$$
$$a + 3b = 4.0 \quad (1-2) \qquad a + 15b = 9.0 \quad (1-6)$$
$$a + 8b = 6.0 \quad (1-3) \qquad a + 17b = 10.0 \quad (1-7)$$
$$a + 10b = 7.0 \quad (1-4) \qquad a + 20b = 11.0 \quad (1-8)$$

将式(1-1)~式(1-4)分为一组,相加得一方程式;式(1-5)~式(1-8)分为另一组,相加得另一方程式,即

$$\begin{cases} 4a + 22b = 20.0 \\ 4a + 55b = 38.0 \end{cases}$$

解此联立方程组得:$a = 2.70$,$b = 0.420$。

代入原方程得:

$$y = 2.70 + 0.420x$$

方法二:最小二乘法。这是最准确的处理方法,其根据是残差的平方和最小,即

$$\Delta = \sum_{i=1}^{n} \sigma_1^2 = 最小$$

也即

$$\Delta = \sum_{i=1}^{n} [y_i - (a + bx_i)]^2 = 最小$$

由函数有极小值的必要条件可知 $\frac{\partial \Delta}{\partial a}$ 和 $\frac{\partial \Delta}{\partial b}$ 必等于零。因此可得到下列两个方程式：

$$\frac{\partial \Delta}{\partial a} = -2(y_i - a - bx_i) - 2(y_a - a - bx_a) - \cdots - 2(y_n - a - bx_n) = 0$$

或

$$(y_i - a - bx_i) + (y_a - a - bx_a) + \cdots + (y_n - a - bx_n) = 0$$

即

$$\sum y_i - na - b\sum x_i = 0$$

同理可得

$$\frac{\partial \Delta}{\partial b} = -2x_i(y_i - a - bx_i) - 2x_a(y_a - a - bx_a) - \cdots - 2x_n(y_n - a - bx_n) = 0$$

即

$$\sum x_i y_i - a\sum x_i - b\sum x_i^2 = 0$$

解上述 $\frac{\partial \Delta}{\partial a} = 0$ 和 $\frac{\partial \Delta}{\partial b} = 0$ 之联立方程式得

$$\begin{cases} a = \dfrac{\sum xy \sum x - \sum y \sum x^2}{(\sum x)^2 - n\sum x^2} \\ b = \dfrac{\sum x \sum y - n\sum xy}{(\sum x)^2 - n\sum x^2} \end{cases}$$

例如，按表 1-8 求出 a 与 b 的值。

表 1-8 数据表

x	y	x^2	xy
1	3.0	1	3.0
3	4.0	9	12.0
8	6.0	64	48.0
10	7.0	100	70.0
13	8.0	169	104.0
15	9.0	225	135.0
17	10.0	289	170.0
20	11.0	400	220.0

由表 1-8 可知：

$$n = 8, \sum x = 87, \sum y = 58.0, \sum x^2 = 1257, \sum xy = 762.0$$

将上述数据代入最小二乘法的公式中得：

$$\begin{cases} a = \dfrac{1\ 257 \times 58.0 - 87 \times 762.0}{8 \times 1\ 257 - 87^2} = 2.66 \\ b = \dfrac{8 \times 762.0 - 87 \times 58}{8 \times 1\ 257 - 87^2} = 0.422 \end{cases}$$

所以 $y = 2.66 + 0.422x$

运用最小二乘法求出的直线方程和实验数据的吻合程度可用相关系数 r 来衡量。

$$r = b \sqrt{\dfrac{n \sum x^2 - (\sum x)^2}{n \sum y^2 - (\sum y)^2}}$$

可以证明，对 x、y 的任意数值，都有 $0 \leqslant |r| \leqslant 1$。当 $|r| = 1$ 时，表明所有实验点都落在拟合的直线上；当 $|r| = 0$ 时，表明实验点的分布毫无规则，x、y 间不存在直线关系。一般情况 $0 < |r| < 1$。$|r|$ 的绝对值越接近1，表示直线拟合程度越好。详细的分析请阅读数理统计中的有关内容。

第二章 实　验

第一节　热力学部分

实验一　恒温槽的装配与性能测定

一、实验目的

(1) 了解恒温槽的构造及恒温原理,初步掌握其装配和调试的基本技术。
(2) 绘制恒温槽灵敏度曲线(温度-时间曲线),学会分析恒温槽的性能。
(3) 掌握贝克曼温度计和温控仪的调试与使用方法。

二、实验原理

在物理化学实验中,由于待测的数据如折射率、粘度、电导、蒸气压、电动势、化学反应的速率常数、解离平衡常数等都与温度有关。因此,这些实验都必须在恒温条件下进行,这就需要各种恒温的设备。一般用恒温槽来控制温度,维持温度恒定。而恒温槽的温度都相对稳定,但多少有一定的波动,大约在 ±0.1℃,如果稍加改进可达 0.01℃,要使恒温设备维持在高于室温的某一温度,就必须不断补充一定的热量,使由于散热等原因引起的热损失得到补偿。恒温槽之所以能够恒温,主要是依靠恒温控制器来控制恒温槽的热平衡。当恒温槽的热量由于对外散失而使其温度降低时,恒温控制器就驱使恒温槽中的电加热器工作,待加热到所需要的温度时,它又会使其停止加热,使恒温槽温度保持恒定。

恒温槽的装置是多种多样的。它主要包括3个部件:敏感元件,也称感温元件;控制元件;加热元件。感温元件将温度转化为电信号而输送给控制元件,然后由控制元件发出指令让电加热元件加热或停止加热。

图 2-1 即是一恒温装置。它由浴槽、加热器、搅拌器、温度计、感温元件、恒温控制器等组成,现分别介绍如下。

(1) 浴槽:通常用的是 10dm^3 的圆柱形玻璃容器。槽内一般放蒸馏水,如恒温的温度超过了100℃,可采用液体石腊和甘油。温度控制的范围不同,水浴槽中介质也不同,一般来说: -60~30℃时,用乙醇或乙醇水溶液;0~90℃时,用水;80~160℃时,用甘油或甘油水溶液;70~200℃时,用液体石蜡、硅油等。

(2) 加热器:常用的是电加热器,我们用的电加热器是把电阻丝放入环形的玻璃管中,根据浴槽的直径大小弯曲成圆环制成。它可以把加热丝放出的热量均匀地分布在圆形恒温槽的周围。电加热器由电子继电器进行自动调节,以实现恒温。电加热器的功率是根据恒温槽的容量、恒温控制的温度以及与环境的温差大小来决定的。最好能使加热和停止加热的时间各

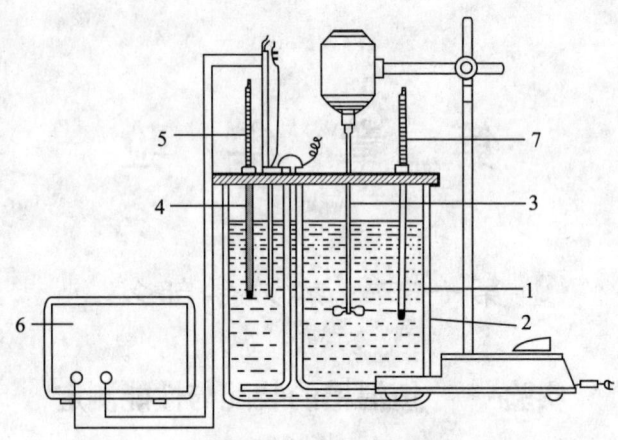

图 2-1 恒温槽装置图

1.浴槽；2.加热器；3.搅拌器；4.温度计；5.感温元件(热敏电阻探头)；6.恒温控制器；7.贝克曼温度计

占一半。为了提高恒温的效果和精度，我们在恒温控制器和电加热器之间串接一只 1kV 的可调变压器，其恒温槽的电路图设计如图 2-2 所示。

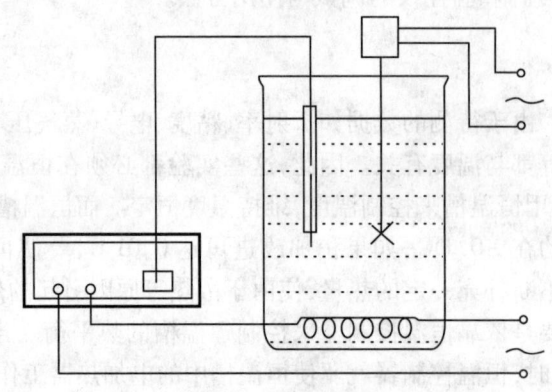

图 2-2 恒温槽电路图

实验开始时，由于室温距恒定温度的温差较大，为了尽快升温达到恒定温度，我们就把串接的输出电压调高一些，而待其温度逐渐接近恒温温度时，为了减少滞后现象，要把可调变压器的输出电压降低一些，这样能较好地提高恒温槽控温的精度。

(3)搅拌器：一般采用功率为 40W 的电动搅拌器，并将该电动搅拌器串联在一个可调变压器上用来调节搅拌的速率，使恒温槽各处的温度尽可能地相同。搅拌器安装的位置，桨叶的形状对搅拌效果都有很大的影响。为此搅拌桨叶应是螺旋桨式的或涡轮式的，且有适当的片数、直径和面积，以使液体在恒温槽中循环，保证恒温槽整体温度的均匀性。

(4)温度计：恒温槽中常以一支 1/10℃ 的温度计测量恒温槽的温度。用贝克曼温度计测量恒温槽的灵敏度。所用的温度计在使用前都必须进行校正和标化。

(5)恒温控制器：我们实验室采用的温控仪是 7151-DM 型有测温部件的控温仪。它采用稳定性能较好的热敏电阻作为感温元件，感温时间较短、使用方便、调速快、精度高并能进行遥控遥测。这个感温元件又因使用了特殊的烧结工艺，故只需要将此感温元件(探头)放在所需的控温部位,就能在控温的同时,从测温仪表上精确地反应出被控温部位的温度值,如图2-3所示。

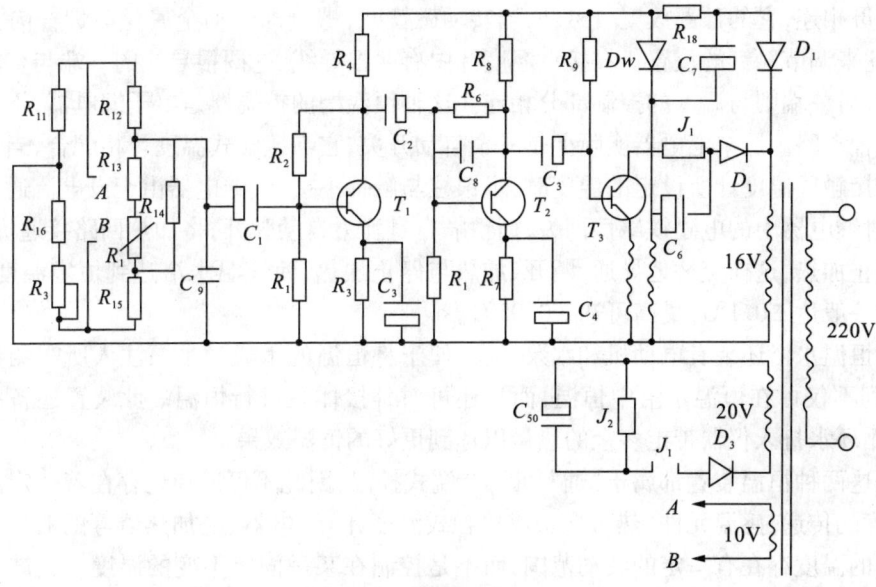

图2-3 控温原理图

由图2-3我们可知控温仪是由感温电桥、交流放大器、相敏放大器、控温执行继电器四部分组成。热敏电阻R_t及R_{11}、R_{12}、R_{16}和电位器R_p组成交流感温电桥,当热敏电阻探头感受的实际温度低于给定温度时,桥路输出变为负信号,J_1开始动作,并触发J_2启动闭合,接通外接加热回路,这时加热器导通开始对体系加热,当热敏电阻感受到的温度与给定温度相同时,桥路平衡,无信号输出,J_1恢复常开状态,J_2失去触发信号而恢复常开状态,断开加热回路,加热停止。当实际温度再下降时控温执行继电器再次动作,重复上述过程达到控温目的。

该仪器的测温系统是利用直流电桥的不平衡从而在电表上迅速指示精确的温度值,而得到测温结果。具体的使用方法详见第三章控温仪的使用方法。

实验室中还有一种常用的恒温装置是超级恒温水浴,它的控温原理和上述的温控仪基本相同,只不过它的感温元件是一

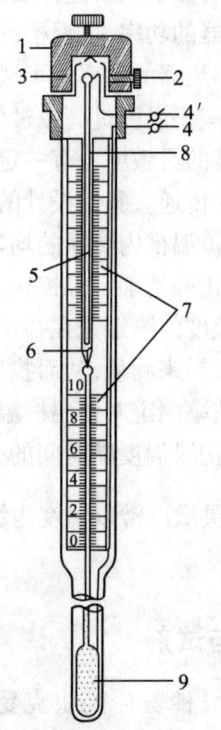

图2-4 接触温度计的构造图
1.调节帽;2.调节固定螺丝;3.磁铁;4.螺杆引出线;4′.水银槽引出线;5.标铁;6.触针;7.刻度板;8.螺丝杆;9.水银槽

支接触式温度计(有时也称导电表),而不是热敏电阻探头,如图 2-4 所示。该温度计的下半段类似于一支水银温度计,上半段是控制用的指示装置,温度计的毛细管内有一根金属丝和上半段的螺母相连,它的顶部放置一磁铁,当转动磁铁时,螺母即带动金属丝沿螺杆向上或向下移动,由此来调节触针的位置。在接点温度计中有两根导线,这两根导线的一端与金属丝和水银柱相连,另一端则与温度的控制部分相连。这种恒温槽的控温器是电子继电器,不像上述的控温仪那种电路。这个继电器实际上是一个自动开关,它与接触式温度计相配合,当恒温槽的温度低于接触式温度计所设定的温度时,水银柱与触针不接触,继电器由于没电流通过或电流很小,这时继电器中的电磁铁磁性消失,衔铁靠自身弹力自动弹开,将加热回路接通进行加热。反之则停止加热,这样交替地导通、断开、加热与停止加热,使恒温水浴达到恒定温度的效果。控温精度一般达 ±0.1℃,最高可达 ±0.05℃。

  这种恒温水浴还装有电动机和水泵一套,便于将恒温的水通过水泵注入所需测量的体系外部,做到不仅可在恒温水浴中恒温,而且还可对外接体系进行恒温。此装置还备有冷却装置,可将循环水打入仪器带走多余的热量以达到更好的恒温效果。

  但是这两种恒温装置都属于"通""断"二端式控温,因此不可避免地存在着一定的滞后现象,如温度的传递、感温元件(热敏探头或接触式温度计)继电器、电加热器等的滞后。所以恒温槽控制的温度存在有一定的波动范围,而不是控制在某一固定不变的温度。其波动范围越小,槽内各处的温度越均匀,恒温槽的灵敏度越高。灵敏度的高低是衡量恒温槽恒温优劣的主要标志,它不仅与温控仪所选择的感温元件、继电器、接触式温度计等灵敏度有关,而且与搅拌器的效率、加热器的功率、恒温槽的大小等因素有关。搅拌的效率越高,温度越易达到均匀,恒温效果越好。加热器的功率用可调变压器进行调节,以保证在恒温槽达到所需的温度后减小电加热的余热,减小温度过高或过低地偏离恒定温度的程度。此外,恒温槽装置内的各个部件的布局对恒温槽的灵敏度也有一定的影响。一般布局原则是:加热器与搅拌器应放得近一些,这样利于热量的传递。我们设计的电加热器是由环形的玻璃套管制成的,搅拌器装在环形中间,有利于整个恒温槽内热量的均匀分布。感温元件热敏探头应放在合适的位置并与槽中的温度计相近,以正确地确定温控仪面板上的指示温度,并且不宜放置得太靠近边缘。

  恒温槽灵敏度的测定是在指定温度下观察温度的波动情况。也可在同一温度下改变恒温槽内各部件的布局来测量,从而找出恒温槽的最佳和最差布局。也可选定某一布局,改变加热器电压和搅拌速率测定对恒温槽温度波动曲线的影响。该实验用较灵敏的贝克曼温度计,在一定的温度下,记录温度随时间的变化。如记最高温度为 t_1,最低温度为 t_2,恒温槽的灵敏度为 $t = \pm \dfrac{t_1 - t_2}{2}$;灵敏度常以温度为纵坐标,以时间为横坐标绘制成温度-时间曲线来表示,如图 2-5 所示。

三、仪器与试剂

玻璃缸 1 个;秒表 1 个;贝克曼温度计 1 支;温控仪 1 台;0~50℃ 的 1/10℃ 的温度计 1 支;搅拌马达 1 个;电加热丝 1 个;蒸馏水、导线若干。

四、实验步骤

(1)将蒸馏水注入水浴槽中,根据恒温槽组装的原则,按图 2-1 分别将所需各部件按要

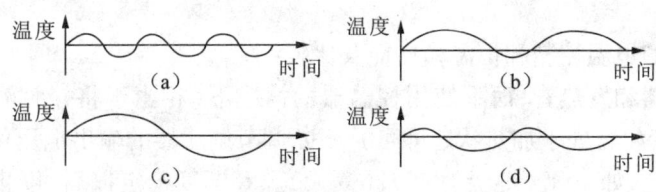

图 2-5 灵敏度的温度-时间曲线

(a)表示恒温槽灵敏度较高；(b)表示加热器功率太大；
(c)表示灵敏度较低；(d)表示加热器功率太小或散热太快

求装备好。

(2)将贝克曼温度计调节好,使其水银柱在25℃时停止在中间位置(见第三章贝克曼温度计的调节与使用)。

(3)将温控仪、1kV可调变压器、电加热丝按电路图2-2连接好,并将搅拌马达接到另一只1kV的可调变压器的输出端,接好电源线。

(4)将控温仪热敏探头固定在恒温槽的一定位置,注意可浸入部分不可超过200mm,并将所有调压器电压调至最低。

(5)经老师检查后插好电源,调电压开启搅拌使其有一快慢适中的搅拌速率。打开温控仪电源,按使用说明校满刻度后打到测量位置。面盘上的红线指示在25℃以内,这时红灯亮,将变压器调至180V左右,注意恒温槽内1/10℃的温度计指示。在接近25℃时,将电压调至100V左右,待1/10℃的温度计指示稳定在25℃时,黄灯亮,控制温控仪使之黄红灯交替明亮熄灭,这时恒温槽处于恒温状态。

(6)恒温槽灵敏度测量：

1)机械自动化控制。

①低温、不同加热电压情况下的恒温控制及其恒温槽性能比较:在既使用调压器和发热管,也使用控温器的情况下,将温度控制并恒温在某个高于室温的温度上,如25℃(冬天)、30℃(夏天)。达到指定温度后,分别将调压器调节为175V(或180V)和100V两个加热电压,等继电器不断地开关跳动表现恒温以后,然后自行选用一种温差计(贝克曼温差计和电子数字温差计)测量温差 ΔT 与时间 t 的变化曲线 $\Delta T(℃)-t(\sec)$ 。

②高温、不同加热电压情况下的恒温控制及其恒温槽性能比较:在既使用调压器和发热管,也使用控温器的情况下,将温度控制并恒温在某个高于室温的温度上,如40℃(冬天),45℃(夏天)。达到指定温度后,分别将调压器调节为175V(或180V)和100V两个加热电压,等继电器不断地开关跳动表现恒温以后,自行选用一种温差计测量温差 ΔT 与时间 t 的变化曲线 $\Delta T(℃)-t(\sec)$ 。

③几乎相同的低加热电压,不同温度时的恒温控制及其恒温槽性能比较:这部分不需要进行测量,将①与②中相同的低加热电压(即相同的低加热速率),不同温度(即不同散热速率)下的曲线进行比较,说明观察到的现象。

④几乎相同的高加热电压,不同温度时的恒温控制及其恒温槽性能比较:这部分不需要进行测量,将①与②中相同的高加热电压(即相同的高加热速率),不同温度(即不同散热速率)下的曲线进行比较,说明观察到的现象。

2) 人工手动控制。

没有控温器时的恒温控制和恒温槽性能及比较：

在只使用调压器和发热管，而不使用控温器的情况下（相当于将接触温度计的位置调节到50℃，并使发热管始终处于加热状态即可），不断调节调压器的输出电压值使温度恒温在某个高于室温的温度上，如40℃（冬天），45℃（夏天）。等温度稳定以后，停止调压器输出电压调节，自行选用一种温差计测量温差 ΔT 与时间 t 的变化曲线 $\Delta T(℃) - t(\sec)$。

将这条变化曲线与②中的两条变化曲线比较，说明观察到的现象。

五、注意事项

（1）为使恒温槽温度恒定，接触温度计调至某一位置时，应将调节帽上的固定螺钉拧紧，以免使之因振动而发生偏移。

（2）当恒温槽的温度和所要求的温度相差较大时，可以适当加大加热功率，但当温度接近指定温度时，应将加热功率降到合适的功率。

六、数据记录及处理

将操作步骤（6）之数据以时间为横坐标，温度为纵坐标，绘制各个条件下的温差-时间曲线，求算恒温槽的灵敏度，并对恒温槽的性能进行评价。

实验二 燃烧焓的测定

一、实验目的

（1）了解氧弹式量热计的原理、构造和使用方法。
（2）测定萘的燃烧焓，了解热化学实验的有关知识。
（3）明确燃烧热的定义，了解恒压燃烧热与恒容燃烧热的差别。
（4）学会雷诺图解法校正温度改变值。

二、实验原理

1 mol 物质在一定温度和压力下完全燃烧时的反应焓[变]称为摩尔燃烧焓[变]。"完全燃烧"现规定为分子中的碳、氢、硫、氮诸元素燃烧后完全转变成 $CO_2(g)$、$H_2O(l)$、$SO_2(g)$ 和 $N_2(g)$。

本实验用氧弹式量热计先测定萘的恒容热效应（即 $\Delta_c U_m$），然后按下式换算成摩尔燃烧焓[变]（$\Delta_c H_m$）：

$$\Delta_c H_m = \Delta_c U_m + \sum_B v_B(g)RT \tag{2-1}$$

式中，$v_B(g)$ 是燃烧反应方程式中气体反应物和气体产物的计量系数。

实验时被测样品置于氧弹（一种特制的钢瓶）内，氧弹被密封并充有高压氧气（氧化剂）。弹内装有一根用来点燃样品的金属丝（常称为点火丝），点火丝与样品接触，并与外电路相连通。氧弹放在盛有一定量水的金属桶(简称水桶)内,桶内还装有一温度计,水桶周围是隔热层。测量时,接通电源,点火丝被加热燃烧熔断,样品即被引燃,点火丝和样品燃烧放出的热量传给周围的吸热介质(水和其他物件),引起介质的温度上升。所装温度计便反映出介质的温度变化。若介质与外界完全没有热交换,燃烧前后介质的温度变化为 ΔT,视介质的热容 C 为常数,则点火丝通电燃烧产生的热量 Q'_V 和样品燃烧放出的热量 Q_V 之和的绝对值应等于介质吸收的热量 $C\Delta T$[①],即

$$|Q_V + Q'_V| = C\Delta T$$

若点火丝燃烧掉的长度为 $\Delta l\text{cm}$,单位长度点火丝的热效应为 q,燃烧样品的质量为 m,样品的摩尔质量为 M,则样品的摩尔恒容热效应 $\Delta_c U_m$ 应满足如下关系:

$$\frac{m}{M}\Delta_c U_m + q\Delta l = -C\Delta T \tag{2-2}$$

式中,M、q 为已知量(铁丝的 q 为 $-2.9\text{J}\cdot\text{cm}^{-1}$);$m$ 由分析天平精确称量得到;Δl 由直尺度量;ΔT 由温度计测出;若还知 C,便可由该式求出样品的 $\Delta_c U_m$。

确定(或称标定)量热计的吸热介质的热容 C 是量热实验中必不可少的重要环节。最常用的标定方法是将一定量已知热效应($\Delta_c U_m$)的标准物质精确称量后,在所使用的量热计上进行实验,其操作步骤与测定未知热效应样品的步骤完全相同,实验条件也尽可能相近。将所测得的数据代入式(2-2),便可求出 C,即

$$C = -\left(\frac{m}{M}\Delta_c U_m + q\Delta l\right)/\Delta T \tag{2-3}$$

本实验用苯甲酸作为标准物质,标定量热计的热容 C。

三、仪器与试剂

氧弹式量热计;SWC-Ⅱ$_D$ 精密数字温度温差仪;台称;电子天平;压片机;点火丝、1 000cm³ 容量瓶 1 个;氧气;苯甲酸(A.R.);萘(A.R.)。

四、实验步骤

1. 量热计热容 C 的测定

熟悉仪器装置。如图 2-6(a)所示,水桶 1 内装有一定量的水,中间有氧弹[氧弹的结构如图 2-6(b)所示]。这一部分(包括水桶在内)是吸热介质,是量热计的核心,是进行量热实验时所实际研究的系统。该系统与外界以空气层隔热。为减少空气对流、水蒸发、热辐射及环境温度变化的影响,系统被封闭起来,上方盖有带反光镜的热绝缘胶板盖,周围包有与系统温度相近的内壁抛光的恒温水套。水桶下面垫有绝热塑料垫脚,桶内还装有搅拌器,以便使系统温度快速达到均匀。系统的温度变化由测温探头接数显温度计测量,搅拌、点火、计温等由附加的电器控制箱所控制。

(1)样品压片及点火丝的准备。

用台秤称取 0.8g 左右苯甲酸(定容燃烧热为 $-3\,224.3\text{kJ}\cdot\text{mol}^{-1}$ 或 $-26\,402.7\text{kJ}\cdot\text{g}^{-1}$),用压片机(图 2-7)压成片:把压片机的垫筒放置在可调底座上,装上模子,将称好的苯甲酸粉

---

① 严格处理还应考虑氧气中少量氮气燃烧的热效应。

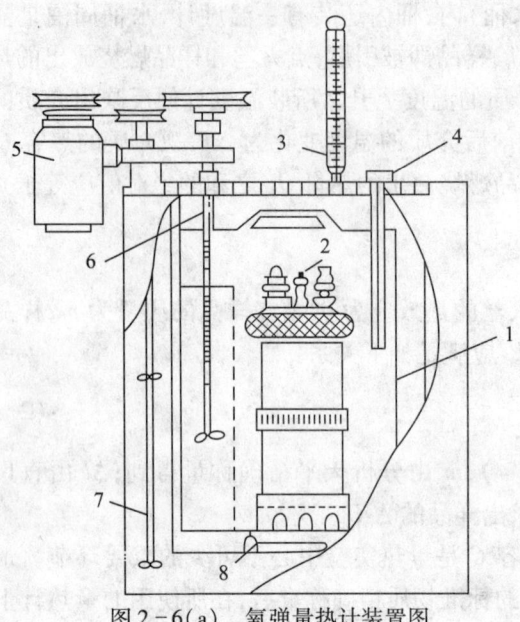
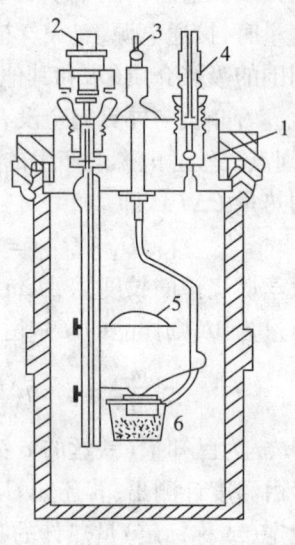

图 2-6(a) 氧弹量热计装置图
1.水桶；2.氧弹盖；3.外桶温度计；
4.测温探头；5.搅拌马达；6.内桶搅拌器；
7.外筒搅拌器；8.热绝缘垫脚

图 2-6(b) 氧弹结构图
1.氧弹盖；2.进气孔(兼作电极)；3.电极
(下部分兼作坩埚架)；4.排气口；5.坩埚
挡板；6.坩埚

末样品倒入模子里，将压棒放入模子，压下手柄至适当位置即可松开；取出模子和垫筒，把垫筒倒置在底座上，再放上模子，放入压棒，压下手柄至样品掉出，将样片在电子天平上准确称至0.000 1g，得苯甲酸的质量 m。

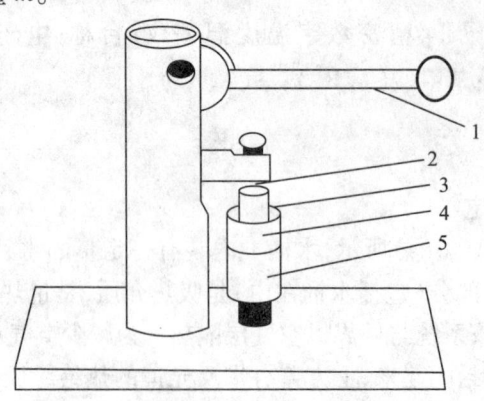

图 2-7 压片机示意图
1.手柄；2.压棒；3.模子；4.垫筒；5.可调底座

拧开氧弹盖，将弹盖放在专用架上。将苯甲酸样片放入坩埚内，并准确量取 15cm 长点火丝，将点火丝的两端紧缠于两电极上(图 2-8)，中间呈"U"形，并使"U"形下端紧压样品，点火丝切勿接触坩埚。

(2)充氧气。

将氧弹盖拧紧，关好排气口，将氧弹的底座暂时取下，将进气口与充氧器(与氧气钢瓶、减

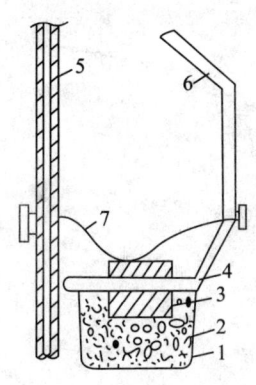

图 2-8 样品安放图
1. 坩埚；2. 酸洗石棉；3. 样品；
4. 坩埚圈架；5、6. 电极；7. 燃烧丝

压阀已连接)的充气口连通,打开氧气钢瓶的出口阀,下压充氧器的手柄,使充入氧气的压力为 1.5~2.0MPa(充气前已调节减压阀至该压力),充气约 30s,松开充氧器的手柄,取出氧弹,安装好氧弹底座,关闭氧气出口阀。充氧前后各用万用表检查氧弹电极的通路情况。

(3) 燃烧和测量温度。

用容量瓶取 3 000cm³ 水装入水桶中,将已充气的氧弹置于量热计的水桶内,水面盖过氧弹,如有气泡逸出,表明氧弹漏气,需找出漏气原因并排除。将点火的电极插头插在氧弹的两电极上,再将温度计探头插入水中,注意测温探头和搅拌器均不得接触氧弹和内桶,盖上胶板盖。

打开数显温度控制器的"电源"键,选择时间为 0.5min,按"搅拌"键,初期温度变化很小或几乎不变时,再按"复位"键,即可根据提示读取温度数据。读取 5~10 个温度数据后(此为测量前期),按下"点火"键,继续计时读数(此为测量主期),当温度变化很慢时(0.5min 内温度变化为 0.002K),再读取 5~10 个数据(此为测量后期)即可停止实验。关闭搅拌开关和总电源开关。取出氧弹,卸下搅拌器,倒掉水桶里的水,将水桶、搅拌器擦干后重新装好,以供下次实验使用。

打开氧弹排气口,放掉废气,拧开氧弹盖,检查样品燃烧完全否(若坩埚内有许多黑色灰烬,则燃烧不完全,实验失败)。然后仔细收集剩余的点火丝,点火丝燃烧前后的长度差即为点火丝燃烧掉的长度 Δl。将氧弹、坩埚擦净,以备下次实验使用。

2. 测定萘的燃烧热

用台秤称取 0.6g 左右的萘,按照上述步骤实验,记下各种数据即可。

五、数据处理

式(2-2)、式(2-3)中的 ΔT 是系统(吸热介质)与外界完全无热交换下的温度变化,但实际上用的量热计在量热过程中系统与外界存在热交换,另外还有搅拌器不断工作,使得温度计测量的燃烧前后的温差并不和 ΔT 完全相等,而是有些偏差,因此在用式(2-2)、式(2-3)进行计算时对所记录的温度变化加以校正。

校正温度通常采用雷诺图法,如图 2-9 所示。以时间为横坐标,温度为纵坐标作图,得温度变化曲线 abcd。b 是开始燃烧时刻的温度,c 是样品燃烧完毕时的温度。曲线 ab 常发生倾斜,这表明整个过程均存在热交换。其交换的热量可通过校正记录的温度来消除,方法是在曲线 bc 上取点 O,O 点对应的温度为 $T=(T_1+T_2)/2$,T_1、T_2 分别为点 b、c 对应的温度。过 O 点作纵坐标的平行线 AB,作线 ab、cd 的延长线分别与直线 AB 交于点 E 和 F。E、F 两点所对应的温度之差即为所求的校正的 ΔT。

在图 2-9 中,$E'E$ 和 FF' 对应的温差分别反映外界辐射热给系统和系统辐射热与外界引起的系统温度变化,前者是应扣除的,后者是应补偿的。经过这样校正的温差才接近完全没有热交换条件下的温差。更严格地处理可参阅有关量热学专著。

校正燃烧苯甲酸所记录的温度变化,把得到的 ΔT 同其他数据一起代入式(2-3)确定出 C(一般 C 应取多次测量的平均值,这里只作一次测量)。

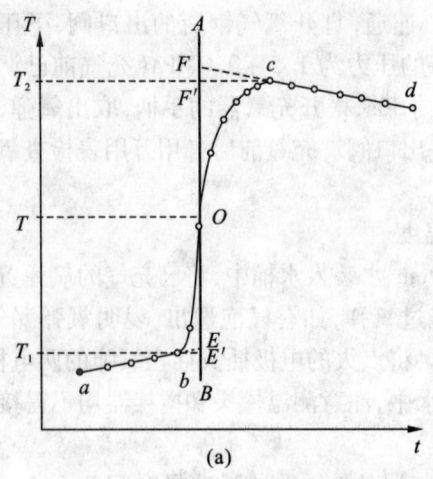
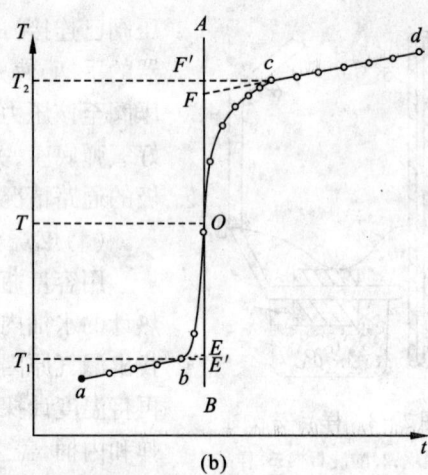

图 2-9 雷诺校正图

校正萘燃烧时所记录的温度变化,所得的 ΔT 同其他有关数据代入式(2-2)求出萘的 $\Delta_c U_m$,然后进一步通过式(2-1)求出萘的 $\Delta_c H_m$。

苯甲酸和萘的燃烧反应式如下:

$$C_6H_5COOH(s) + \frac{15}{2}O_2(g) = 7CO_2(g) + 3H_2O(l)$$

$$C_{10}H_8(s) + 12O_2(g) = 10CO_2(g) + 4H_2O(l)$$

六、思考题

(1)在本实验中哪些是系统?哪些是环境?系统和环境通过哪些途径进行热交换?这些热交换对结果影响怎样?如何进行校正?

(2)你所测定的燃烧焓[变]是否就是 $\Delta_c H_m$?

(3)搅拌太快或太慢有何影响?

(4)本实验采用哪些绝热措施?

(5)本实验为什么对燃烧样品的质量有一定范围要求?

(6)使用氧气要注意哪些问题?

实验三 溶解热的测定

一、实验目的

(1)了解电热补偿法测定热效应的基本原理。

(2)用电热补偿法测定 KNO_3 在不同浓度水溶液中的积分溶解热。

(3)用作图法求 KNO_3 在水中的微分冲淡热、积分冲淡热和微分溶解热。

二、实验原理

1.在热化学中,关于溶解过程的热效应,有下列几个基本概念。

溶解热 在恒温恒压下，n_2 mol 溶质溶于 n_1 mol 溶剂（或溶于某浓度溶液）中产生的热效应，用 Q 表示，溶解热可分为积分（或称变浓）溶解热和微分（或称定浓）溶解热。

积分溶解热 在恒温恒压下，1 mol 溶质溶于 n_0 mol 溶剂中产生的热效应，用 Q_s 表示。

微分溶解热 在恒温恒压下，1 mol 溶质溶于某一确定浓度的无限量的溶液中产生的热效应，以 $(\partial Q/\partial n_2)_{T,p,n_1}$ 表示，简写为 $(\partial Q/\partial n_2)_{n_1}$。

冲淡热 在恒温恒压下，1 mol 溶剂加到某浓度的溶液中使之冲淡所产生的热效应。冲淡热也可分为积分（或变浓）冲淡热和微分（或定浓）冲淡热两种。

积分冲淡热 在恒温恒压下，把原含 1 mol 溶质及 n_{01} mol 溶剂的溶液冲淡到含溶剂为 n_{02} 时的热效应，亦即为某两浓度溶液的积分溶解热之差，以 Q_d 表示。

微分冲淡热 在恒温恒压下，1 mol 溶剂加入某一确定浓度的无限量的溶液中产生的热效应，以 $(\partial Q/\partial n_2)_{T,p,n_2}$ 表示，简写为 $(\partial Q/\partial n_2)_{n_2}$。

（2）积分溶解热 Q_s 可由实验直接测定，其他 3 种热效应则通过 $Q_s - n_0$ 曲线求得。

设纯溶剂和纯溶质的摩尔焓分别为 $H_m(1)$ 和 $H_m(2)$，当溶质溶解于溶剂变成溶液后，在溶液中溶剂和溶质的偏摩尔焓分别为 $H_{1,m}$ 和 $H_{2,m}$，对于由 n_1 mol 溶剂和 n_2 mol 溶质组成的系统，在溶解前系统总焓为 H，则

$$H = n_1 H_m(1) + n_2 H_m(2) \tag{2-4}$$

设溶液的焓为 H'，则

$$H' = n_1 H_{1,m} + n_2 H_{2,m} \tag{2-5}$$

因此溶解过程热效应 Q 为

$$Q = \Delta_{mix}H = H' - H = n_1[H_{1,m} - H_m(1)] + n_2[H_{2,m} - H_m(2)]$$
$$= n_1 \Delta_{mix} H_m(1) + n_2 \Delta_{mix} H_m(2) \tag{2-6}$$

式中，$\Delta_{mix} H_m(1)$ 为微分冲淡热；$\Delta_{mix} H_m(2)$ 为微分溶解热。根据上述定义，积分溶解热 Q_s 为

$$Q_s = \frac{Q}{n_2} = \frac{\Delta_{mix} H}{n_2} = \Delta_{mix} H_m(2) + \frac{n_1}{n_2} \Delta_{mix} H_m(1) = \Delta_{mix} H_m(2) + n_0 \Delta_{mix} H_m(1) \tag{2-7}$$

在恒压条件下，$Q = \Delta_{mix}H$，对 Q 进行全微分，得

$$dQ = \left(\frac{\partial Q}{\partial n_1}\right)_{n_2} dn_1 + \left(\frac{\partial Q}{\partial n_2}\right)_{n_1} dn_2 \tag{2-8}$$

式（2-8）在比值 n_1/n_2 恒定下积分，得

$$Q = \left(\frac{\partial Q}{\partial n_1}\right)_{n_2} n_1 + \left(\frac{\partial Q}{\partial n_2}\right)_{n_1} n_2 \tag{2-9}$$

式（2-9）以 n_2 除之

$$\frac{Q}{n_2} = \left(\frac{\partial Q}{\partial n_1}\right)_{n_2} \frac{n_1}{n_2} + \left(\frac{\partial Q}{\partial n_2}\right)_{n_1} \tag{2-10}$$

因 $\dfrac{Q}{n_2} = Q_s \qquad \dfrac{n_1}{n_2} = n_0$

$$Q = n_2 Q_s \qquad n_1 = n_2 n_0 \tag{2-11}$$

则

$$\left(\frac{\partial Q}{\partial n_1}\right)_{n_2} = \left[\frac{\partial(n_2 Q_s)}{\partial(n_2 n_0)}\right]_{n_2} = \left(\frac{\partial Q_s}{\partial n_0}\right)_{n_2} \tag{2-12}$$

将式（2-11）、式（2-12）代入式（2-10）得

$$Q_s = \left(\frac{\partial Q}{\partial n_2}\right)_{n_1} + n_0\left(\frac{\partial Q_s}{\partial n_0}\right)_{n_2} \tag{2-13}$$

对比式(2-6)与式(2-9)或式(2-7)与式(2-13)

$$\Delta_{mix}H_m(1) = \left(\frac{\partial Q}{\partial n_1}\right)_{n_2} \quad 或 \quad \Delta_{mix}H_m(1) = \left(\frac{\partial Q_s}{\partial n_0}\right)_{n_2}$$

$$\Delta_{mix}H_m(2) = \left(\frac{\partial Q}{\partial n_2}\right)_{n_1}$$

以 Q_s 对 n_0 作图,可得图 2-10 的曲线。在图 2-10 中,AF 与 BG 分别为将 1mol 溶质溶于 n_{01} mol 和 n_{02} mol 溶剂时的积分溶解热 Q_s,BE 表示在含有 1mol 溶质的溶液中加入溶剂,使溶剂量由 n_{01} mol 增加到 n_{02} mol 过程的积分冲淡热 Q_d。

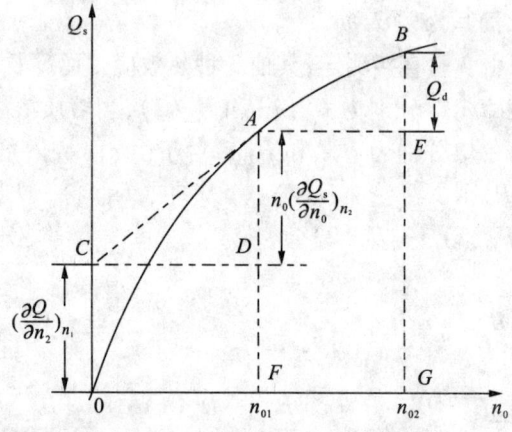

图 2-10　$Q_s - n_0$ 关系图

$$Q_d = (Q_s)_{n_{02}} - (Q_s)_{n_{01}} = BG - EG \tag{2-14}$$

图 2-10 中曲线 A 点的切线斜率等于该浓度溶液的微分冲淡热。

$$\Delta_{mix}H_m(1) = \left(\frac{\partial Q_s}{\partial n_0}\right)_{n_2} = \frac{AD}{CD}$$

切线在纵轴上的截距等于该浓度的微分溶解热。

$$\Delta_{mix}H_m(2) = \left(\frac{\partial Q}{\partial n_2}\right)_{n_1} = \left[\frac{\partial(n_2 Q_s)}{\partial n_2}\right]_{n_1} = Q_s - n_0\left(\frac{\partial Q_s}{\partial n_0}\right)_{n_2}$$

由图 2-10 可见,欲求溶解过程的各种热效应,首先要测定各种浓度下的积分溶解热,然后作图计算。

(3) 本实验测定 KNO_3 在水中的溶解热是一个吸热过程,可用电热补偿法,即先测定体系的起始温度 T,溶解过程中体系温度随吸热反应进行而降低,再用电加热法使体系升温至起始温度,根据所消耗电能求出热效应 Q。

$$Q = I^2 Rt = UIt$$

式中,I 为通过电阻为 R 的电热器的电流强度(A);U 为电阻丝两端所加电压(V);t 为通电时间(s)。

利用电热补偿法,测定 KNO_3 在不同浓度水溶液中的积分溶解热,并通过图解法求出其

3种热效应。

三、仪器与试剂

SWC-RJ溶解热实验装置1套;干燥器1个;称量瓶8个(20mm×40mm);KNO₃(A.R.,研细200目,在110℃烘干,保存于干燥器中)。

四、实验步骤

(1)将8个称量瓶编号,在台秤上称量,依次加入干燥好并已研细的KNO₃,其质量分别约为2.5g、1.5g、2.5g、2.5g、3.5g、4.0g、4.0g和4.5g,再用分析天平称出准确数据。称量后将称量瓶放入干燥器待用。

(2)在台秤上用杜瓦瓶(杜瓦瓶用前需干燥)直接称取200.0g蒸馏水,放入磁珠,拧紧瓶盖,并放到反应架固定架上。

(3)经教师检查无误后接通电源,打开电源开关,仪器处于待机状态,待机指示灯亮,如图2-11所示:

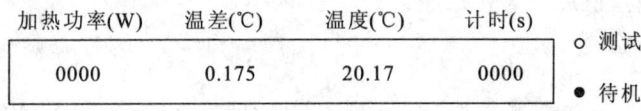

图2-11 仪器状态

(4)将O型圈套入传感器,调节O型圈使传感器浸入蒸馏水约100mm,把传感器探头插入杜瓦瓶内(注意:不要与瓶内壁相接触)。

(5)按下"状态转换"键,使SWC-RJ溶解热实验装置处于测试状态(即工作状态)。调节"加热功率调节"旋钮,使其显示为实验所需要的功率。调节"调速"旋钮使磁珠为实验所需要的转速。

(6)待杜瓦瓶内溶剂的温度升高 ΔT(一般为0.5℃),按"状态转换"键切换到待机状态,立刻打开杜瓦瓶的加料口,按编号加入第一份样品,同时按下"状态转换"键,切换到测试状态,仪器自动清零并同步计时(此刻软件开始绘图),盖好加料口塞,观察温差的变化或软件界面显示的曲线,等温差值回到零附近时,加入第二份样品,依次类推,加完所有的样品。

(7)按"状态转换"键,使SWC-RJ溶解热测定装置处于待机状态。把加热功率调到最小,关闭电源开关,拆去实验装置,检查KNO₃是否溶完,如未全溶,则必须重做;溶解完全,可将溶液倒入回收瓶中,把量热计等器皿洗净放回原处。

(8)用分析天平称量已倒出KNO₃样品的空称量瓶,求出各次加入KNO₃的准确质量。

五、注意事项

(1)实验过程中要求 I、U 值恒定,故应随时注意。

(2)实验过程中切勿按停读数,直到最后方可。

(3)固体KNO₃易吸水,故称量和加样动作应迅速。为确保KNO₃迅速、完全溶解,在实验前务必研磨到200目左右,并在110℃烘干。

(4)整个测量过程要尽可能保持绝热,减少热损失。因量热器绝热性能与盖上各孔隙密封程度有关,实验过程中要注意盖严。

六、数据处理

(1)根据溶剂的质量和加入溶质的质量,求算溶液的浓度,以 n_0 表示。

$$n_0 = \frac{n_{H_2O}}{n_{KNO_3}} = \frac{200.0}{18.02} \div \frac{W_{累}}{101.1} = \frac{1\,122}{W_{累}}$$

(2)按 $Q = IUt$ 公式计算各次溶解过程的热效应。
(3)按每次累积的浓度和累积的热量,求各浓度下溶液的 n_0 和 Q_s。
(4)将以上数据列表并作 Q_s-n_0 图,并从图中求出 $n_0 = 80,100,200,300$ 和 400 处的积分溶解热和微分冲淡热,以及 n_0 从 $80\rightarrow100,100\rightarrow200,200\rightarrow300,300\rightarrow400$ 的积分冲淡热。

七、思考题

(1)试设计一个测定强酸(HCl)与强碱(NaOH)中和反应的实验方法。
(2)影响本实验结果的因素有哪些?

实验四 液体饱和蒸气压的测定

一、实验目的

(1)了解沸点的意义、沸点与压力的关系及饱和蒸气压与温度的关系。
(2)运用克拉贝龙方程式计算摩尔气化焓。
(3)掌握动态法测定饱和蒸气压的方法。

二、实验原理

一定温度下单组分液体与其蒸气达到平衡时,液面上该组分气相的压力称为此温度下纯液体的饱和蒸气压,简称蒸气压。两相平衡时蒸气压与温度的关系可用克劳修斯-克拉贝龙(Calculus-Clapeymn)方程表示:

$$\frac{d\ln(p/p^{\ominus})}{dT} = \frac{\Delta_{vap}H_m}{RT^2}$$

$\Delta_{vap}H_m$ 是相变时的摩尔气化焓,它是温度的函数。温度变化不大时,可视为此温度范围内的平均摩尔气化焓,单位为 $J \cdot mol^{-1}$。R 是摩尔气体常数,T 是热力学温度,$p^{\ominus}$ 是标准态压力。将上式作不定积分可得到

$$\ln(p/p^{\ominus}) = -\frac{\Delta_{vap}H_m}{RT} + B$$

这里,$\ln(p/p^{\ominus})$ 与 $1/T$ 成直线关系。若以 $\ln(p/p^{\ominus})$ 对 $1/T$ 作图,由斜率可求出 $\Delta_{vap}H_m$。因此可以通过测定纯物质在不同温度下的蒸气压来确定其摩尔相变焓。测定饱和蒸气压的方法有饱和气流法、静态法和动态法。本实验采用动态法。动态法是通过改变系统的压力来确定相

应的温度。单组分气-液两相达到平衡时,若改变系统的压力,温度也随之改变,直至到达新的平衡点。每一个平衡点所对应的温度和压力,就是纯液体在此平衡点的沸点和蒸气压。实验装置如图2-12所示。图2-12中,待测样品置于沸点测定瓶中,整个系统经真空泵抽空形成负压后,加热瓶中的水。当瓶中有大量气泡逸出时,表示水在该压力下已达沸点,气-液两相达到平衡。因为精密数字压力计有一端与大气相通,所以大气压等于蒸气压加压力计的汞压差,从而可算出该温度下水的蒸气压。改变双管汞压力的压差时,沸点又相应改变,直至到达新的平衡。因此可测出各温度下水的蒸气压。

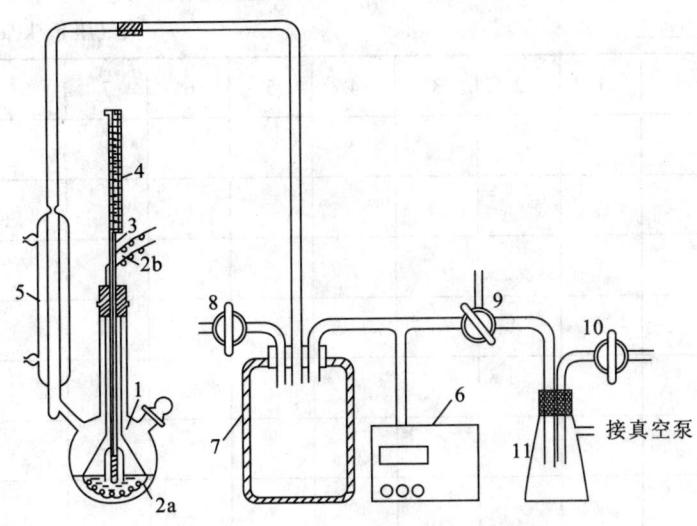

图2-12 测定液体蒸气压装置图

1.沸点测定瓶;2a.加热电阻丝;2b.导线;3.温度计;4.辅助温度计;5.冷凝管;
6.数字压力计;7.缓冲瓶;8.进气活塞;9.抽气活塞;10.放空活塞;11.安全瓶

三、仪器与试剂

蒸气压测定装置1套;DP-AF精密数字压力计(真空)、调压变压器1台;真空泵1台;重蒸馏水若干。

四、实验步骤

(1)预压及气密性检查。在实验前应先检查该系统是否漏气。容易发生漏气的地方是各橡皮管接头处及各个活塞。首先将真空泵插上电源,打开精密数字压力计的电源开关,关闭进气活塞和放空活塞,使三通抽气活塞与缓冲瓶及安全瓶接通;按一下压力计的"采零开关",启动真空泵,使压力表读数为70~80kPa,立即关闭抽气活塞,停止抽气;隔数分钟观察压力表读数有无变化,以检查仪器是否漏气,若压力表读数无变化即可认为无泄漏,可进入测定阶段。

(2)在不同压力下测定纯水的沸点。在压力表读数约为-80kPa条件下,打开回流冷凝管的冷却水。然后接通15V电源,加热沸点测定瓶中的水。当瓶中有大量气泡逸出时,观察温度读数,若温度停止上升并基本保持不变时,记录温度与压力表读数,此为首次测定;然后小心开启进气活塞,缓缓漏入一点空气,使压力表读数改变,改变值约为8kPa,立即关闭进气活塞,继续如前次那样读数。按同法依次进行5~10次读数(每次压力改变可较前次稍大一点)。最后一次不再关闭进气活塞,所测温度即为水的正常沸点。

(3)实验结束后,使压力表恢复零位;关闭冷却水,拔去所有电源插头。

五、数据处理

(1)将每次测得的温度及相应的压力差数据填入表2-1,算出不同温度的饱和蒸气压。

表2-1 液体饱和蒸气压测定实验数据记录表

室温/℃_____   大气压 p_e/kPa _____

	1	2	3	4	5	6	7	8	9	10
温度 t/℃										
温度 T/K										
$1/T$										
压力计读数 Δp										
饱和蒸气压 *p										
$\ln(p/p^{\ominus})$										
$\Delta_{vap}H_m$/kJ·mol^{-1}										

* 表示饱和蒸气压 $p = p_e + \Delta p$

(2)以 $\ln(p/p^{\ominus})$ 对 $1/T$ 作图,得一直线,由直线的斜率算出水的平均摩尔气化焓。

(3)根据 $\ln(p/p^{\ominus})$-$1/T$ 图,求出水的正常沸点 T_b。

六、思考题

(1)每次测定前是否需要重新抽气?
(2)能不能在加热的情况下检查装置的气密性?
(3)本实验的主要系统误差有哪些?
(4)正常沸点与沸腾温度有何区别?

实验五 氨基甲酸铵分解反应平衡常数的测定

一、实验目的

(1)测定各温度下氨基甲酸铵的分解压力,计算各温度下分解反应的平衡常数 $K_p^{\ominus}$ 及有关的热力学函数。

(2)熟悉用等压计测定平衡压力的方法。

(3)掌握氨基甲酸铵分解反应平衡常数的计算及其与热力学函数间的关系。

二、实验原理

氨基甲酸铵是合成尿素的中间产物,为白色固体,很不稳定,其分解反应式为

$$NH_2COONH_4(s) \rightleftharpoons 2NH_3(g) + CO_2(g)$$

该反应为复相反应,在封闭体系中很容易达到平衡,在常压下其平衡常数可近似表示为:

$$K_p^\ominus = \left[\frac{p_{NH_3}}{p^\ominus}\right]^2 \left[\frac{p_{CO_2}}{p^\ominus}\right] \tag{2-15}$$

式中,p_{NH_3}、p_{CO_2}分别表示反应温度下NH_3和CO_2平衡时的分压;$p^\ominus$为标准大气压。在压力不大时,气体的逸度近似为1,且纯固态物质的活度为1,体系的总压$p = p_{NH_3} + p_{CO_2}$。从化学反应计量方程式可知

$$p_{NH_3} = \frac{2}{3}p, \quad p_{CO_2} = \frac{1}{3}p \tag{2-16}$$

将式(2-16)代入式(2-15)得:

$$K_p^\ominus = \left(\frac{2p}{3p^\ominus}\right)^2 \left(\frac{p}{3p^\ominus}\right) = \frac{4}{27}\left(\frac{p}{p^\ominus}\right)^3 \tag{2-17}$$

因此,当体系达平衡后,测量其总压p,即可计算出平衡常数$K_p^\ominus$。

温度对平衡常数的影响可用下式表示

$$\frac{d \ln K_p^\ominus}{dT} = \frac{\Delta_r H_m^\ominus}{RT^2} \tag{2-18}$$

式中,T为热力学温度;$\Delta_r H_m^\ominus$为标准反应热效应。氨基甲酸铵分解反应是一个热效应很大的吸热反应,温度对平衡常数的影响比较灵敏。当温度在不大的范围内变化时,$\Delta_r H_m^\ominus$可视为常数,由式(2-18)积分得

$$\ln K_p^\ominus = -\frac{\Delta_r H_m^\ominus}{RT} + C' \quad (C'为积分常数) \tag{2-19}$$

若以$\ln K_p^\ominus$对$1/T$作图,得一直线,其斜率为$-\frac{\Delta_r H_m^\ominus}{R}$,由此可求出$\Delta_r H_m^\ominus$。由实验某温度下的平衡常数$K_p^\ominus$,可按下式计算该温度下反应的标准吉布斯自由能变化$\Delta_r G_m^\ominus$

$$\Delta_r G_m^\ominus = -RT \ln K_p^\ominus \tag{2-20}$$

利用实验温度范围内反应的平均等压热效应$\Delta_r H_m^\ominus$和某温度下的标准吉布斯自由能变化$\Delta_r G_m^\ominus$,可近似计算出该温度下的熵变$\Delta_r S_m^\ominus$

$$\Delta_r S_m^\ominus = \frac{\Delta_r H_m^\ominus - \Delta_r G_m^\ominus}{T} \tag{2-21}$$

因此,通过测定一定温度范围内某温度的氨基甲酸铵的分解压(平衡总压),就可以利用上述公式分别求出$K_p^\ominus$,$\Delta_r H_m^\ominus$,$\Delta_r G_m^\ominus(T)$,$\Delta_r S_m^\ominus(T)$。

三、仪器与试剂

实验装置1套;真空泵1台;DP-AW精密数字压力计1台;新制备的氨基甲酸铵;硅油或邻苯二甲酸二壬酯。

四、实验步骤

(1)检漏。将干燥的装样小球和玻璃等压计等按图2-13所示安装相连,关闭平衡阀Ⅰ,开启平衡阀Ⅱ,打开抽气阀,开动真空泵,当测压仪读数约为53kPa,关闭抽气阀。待10min后,若测压仪读数没有变化,则表示系统不漏气,否则说明漏气,应仔细检查各接口处,直到不漏气为止。

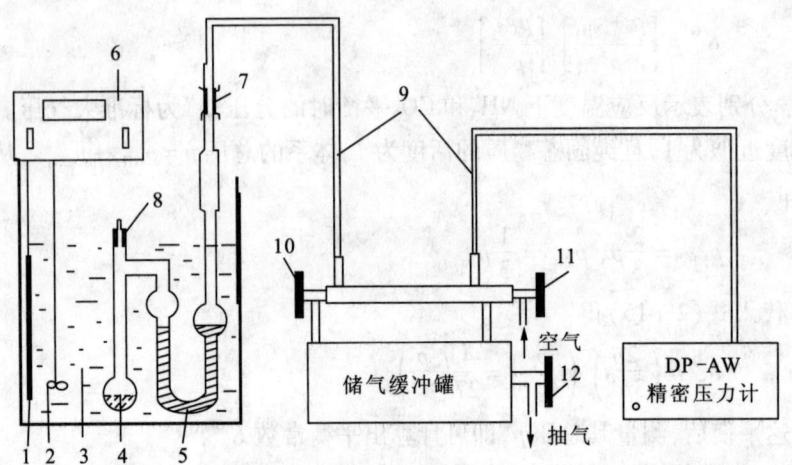

图2-13 实验装置图
1.温度计;2.搅拌杆;3.玻璃恒温水浴;4.装样小球;5.等压计;6.控制仪;
7.磨口接头;8.加样口;9.真空管;10.平衡阀Ⅱ;11.平衡阀Ⅰ;12.抽气阀

(2)装样品。确认系统不漏气后,打开平衡阀Ⅰ使系统与大气相通,然后由加样口装入适量的氨基甲酸铵,再用吸管吸取纯净的硅油或邻苯二甲酸二壬酯放入等压计中,使之形成液封,再按图示装好。

(3)测量。关闭平衡阀Ⅰ,调节恒温槽温度为(25.0±0.1)℃。打开抽气阀,开启真空泵,将系统中的空气排出,约15min后,打开平衡阀Ⅰ,将空气慢慢分次放入系统,同时调节平衡阀Ⅱ,直至等压计两边液面处于水平时,立即关闭平衡阀Ⅰ,若5min内两液面保持不变,即可读取测压仪的读数。

(4)重复测量。为了检查装样小球内的空气是否已完全排净,可重复步骤(3)操作,如果两次测定结果差值小于270Pa,经指导教师检查后,方可进行下一步实验。

(5)升温测量。调节恒温槽温度为(27.0±0.1)℃,在升温过程中小心地调节平衡阀Ⅰ和平衡阀Ⅱ,缓缓放入空气,使等压计两边液面水平,保持5min不变,即可读取测压仪读数,然后用同样的方法继续测定30.0℃、32.0℃、35.0℃、37.0℃时的压力差。

(6)复原。实验完毕,将空气放入系统中至测压仪读数为零,切断电源、水源。

五、注意事项

(1)必须充分排净装样小球内的空气。
(2)体系必须达平衡后,才能读取测压仪读数。

六、数据处理

（1）计算各温度下氨基甲酸铵的分解压。
（2）计算各温度下氨基甲酸铵分解反应的平衡常数 $K_p^{\ominus}$。
（3）根据实验数据，以 $\ln K_p^{\ominus}$ 对 $1/T$ 作图，并由直线斜率计算氨基甲酸铵分解反应的 $\Delta_r H_m^{\ominus}$。
（4）计算 25℃时氨基甲酸铵分解反应的 $\Delta_r G_m^{\ominus}$ 及 $\Delta_r S_m^{\ominus}$。

七、思考题

（1）测压仪读数是否是体系的压力？是否代表分解压？
（2）为什么一定要排净装样小球中的空气？若体系有少量空气，对实验有何影响？
（3）如何判断氨基甲酸铵分解已达平衡？未平衡测数据将有何影响？
（4）玻璃等压计中的封闭液如何选择？
（5）$K_p = p_{NH_3}^2 p_{CO_2}$ 和 $K_p^{\ominus} = \left[\dfrac{p_{NH_3}}{p^{\ominus}}\right]\left[\dfrac{p_{CO_2}}{p^{\ominus}}\right]$ 两者有何不同？

实验六 双液系气-液平衡相图

一、实验目的

采用回流冷凝法测定环己烷-乙醇系统的沸点和气、液两相平衡组成。绘制 $T-x$ 图。掌握阿贝折射仪和超级恒温器的使用方法。

二、实验原理

一个完全互溶双液系统的沸点与组成的关系有以下几种情况。溶液沸点介于两纯组分沸点之间，例如苯和甲苯系统；溶液有最低恒沸点，例如苯和乙醇，水与乙醇，环己烷与乙醇系统；

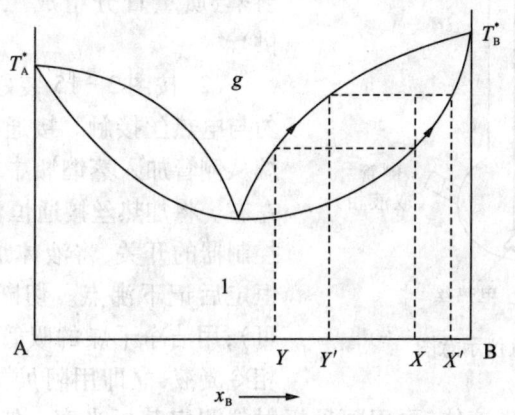

图 2-14 双液系相图

溶液有最高恒沸点,例如水和卤化氢系统。图 2-14 表示具有最低恒沸点的双液系相图。图中下方区域表示液相区,上方区域表示气相区。曲线所围的区域表示气-液两相平衡区。下面的凹形曲线表示液相线,上面的凸形曲线表示气相线。等温的水平线段与气、液相线的交点表示该温度下互为平衡的两相的组成。绘制 $T-x$ 图的方法如下:当总组成为 X 的溶液开始加热时,系统的温度沿虚线上升直至到达沸点。这时组成为 Y 的气相开始形成。X、Y 两点即代表互为平衡的气液两相的组成。继续加热蒸馏,气相量逐渐增加,沸点沿虚线继续上升,气、液两相组成分别在气、液相线上沿箭头指示方向变化。当两相组成分别达到 X' 和 Y' 时,若维持系统的总量不变,系统的气、液两相又重新达到平衡。平衡时两相内的物质量按杠杆原理分配。从相律来看,当压力恒定时,两组分系统在气-液两相共存区域中,自由度等于1。若温度一定,两相的相对量也一定。所以,待两相平衡后取出两相的样品,用物理或化学方法分析两相的组成,可得到在该温度下两相的组成坐标位置。然后改变系统的总组成,再如上法找出另一对坐标点。依次测得若干对坐标点后,分别按气相点和液相点连成气相线和液相线,即得 $T-x$ 平衡相图。本实验是在沸点仪中蒸馏待测溶液,用阿贝折射仪分别测定馏出液中气相组成和母液中液相组成。所用系统为环己烷-乙醇系统,也可以用苯-乙醇系统和水-乙醇系统。

三、仪器与试剂

FDY 型双液系沸点仪 1 套(包括 WLS 数字恒流电源和 SWJ 精密数字温度计各 1 台);阿贝折射仪 1 台;超级恒温器 1 台;$2cm^3$、$5cm^3$、$20cm^3$ 移液管各 1 支;长短滴管若干;洗耳球 1 个;环己烷(A.R.);无水乙醇(A.R.);镜头纸若干。

四、实验步骤

(1) 标准工作曲线的绘制。洗净烘干 8 个小滴瓶,冷却后准确称量其中 6 个。分别加入 $1cm^3$、$2cm^3$、$3cm^3$、$4cm^3$、$5cm^3$、$6cm^3$ 的乙醇并分别称重。再依次加入 $6cm^3$、$5cm^3$、$4cm^3$、$3cm^3$、$2cm^3$、$1cm^3$ 的环己烷并分别称重。旋紧瓶盖后摇匀。另外两个空的滴瓶分别加入无水乙醇和环己烷。即刻用阿贝折射仪(使用方法见第 3 章光学测量技术)测定这些样品的折射率。可作出折射率-质量百分组成工作曲线(或由实验室提供)。

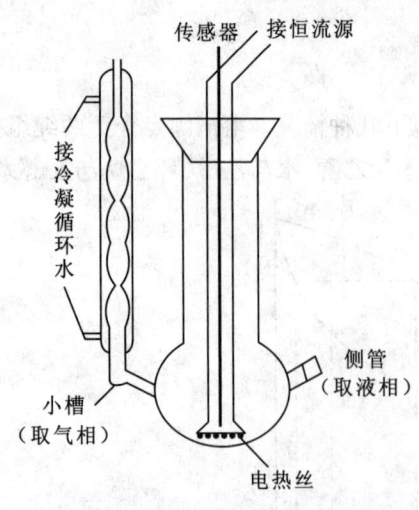

图 2-15 沸点仪示意图

(2) 按图 2-15 装好沸点仪。温度传感器切勿与电热丝接触。接通冷凝水,量取 $40cm^3$ 环己烷从侧管加入蒸馏瓶中,传感器应浸入液体 3cm 左右。将加热丝接通恒流电源,打开电源及温度控制器的开关,将液体加热至沸腾,待温度基本恒定后记下沸点。切断电源(关闭电源开关即可),用洁净干燥的吸管从小槽中吸取全部的气相冷凝液,立即用阿贝折射仪测定其折光率;用短吸管从侧管处吸取少量液体,再用阿贝折射仪测定其折光率。然后由蒸馏瓶的侧管加入 $0.6cm^3$ 乙醇,按上述步骤测定其沸点及气液两相的折射率。再依次加入 $0.6cm^3$、$1cm^3$、$4cm^3$、

※ 第二章 实 验

$9cm^3$乙醇,做同样实验。

上述实验结束后,将溶液倒入回收瓶内。用少量乙醇洗涤蒸馏瓶。注入$40cm^3$乙醇测定其沸点。然后依次加入$1cm^3$、$2cm^3$、$4cm^3$、$8cm^3$、$24cm^3$环己烷,分别测定其沸点及气液相样品的折射率。再将所测折射率用内插法在标准工作曲线上找出被测试样的组成,作沸点-组成图。

五、数据处理

按表2-2记录数据;作沸点-组成图,确定最低恒沸点的组成。

表2-2 双液系气-液平衡相图实验数据记录表

混合物之体积组成		沸点	气相冷凝液分析		液相分析	
$V_{环己烷}/cm^3$	$V_{乙醇}/cm^3$	$t/℃$	折光率	$w_{环己烷}$	折光率	$w_{环己烷}$
40	0					
—	0.6					
—	0.6					
—	1					
—	4					
—	9					

混合物之体积组成		沸点	气相冷凝液分析		液相分析	
$V_{环己烷}/cm^3$	$V_{乙醇}/cm^3$	$t/℃$	折光率	$w_{环己烷}$	折光率	$w_{环己烷}$
0	40					
1	—					
2	—					
4	—					
8	—					
24	—					

六、思考题

(1)实验中气、液两相是如何达到平衡?平衡时,气、液两相温度是否相同?实际是否相同?怎样防止有温度差异?

(2)蒸馏器中收集气相冷凝液的容器的大小,对测量有何影响?

(3)用不同温度的折射率数据估算其温度系数,如不恒温,对折射率的数据影响如何?

(4)在沸点仪内的系统中,为什么说总组成就是原始溶液组成?在达到气、液平衡时,哪部分液体为平衡的气相量?哪部分液体为平衡的液相量?本实验所用的蒸馏器尚有哪些缺点?如何改进?

(5)为什么沸点仪的塞子必须塞紧?

(6)根据所得相图,讨论此溶液蒸馏时的分离情况。

实验七 二组分金属相图

一、实验目的

用热分析法(步冷曲线法)测绘 Bi-Sn 二组分金属相图。

二、实验原理

较为简单的二组分金属相图主要有 3 种:第一种是液相完全互溶,凝固后,固相也能完全互溶成固体混合物的系统,最典型的为 Cu-Ni 系统;第二种是液相完全互溶而固相完全不互溶的系统,最典型的是 Bi-Cd 系统;第三种是液相完全互溶,而固相是部分互溶的系统,如 Pb-Sn 系统。本实验研究的 Bi-Sn 系统就是这一种。在低共熔温度下,Bi 在固相 Sn 中最大溶解度为 21%(质量百分数)。

热分析法(步冷曲线法)是绘制相图的基本方法之一。它是利用金属及合金在加热和冷却过程中发生相变时,潜热的释出或吸收及热容的突变,来得到金属或合金中相转变温度的方法。

通常的做法是先将金属或合金全部熔化,然后让其在一定的环境中自行冷却,并画出温度随时间变化的步冷曲线(图 2-16)。

当熔融的系统均匀冷却时,如果系统不发生相变,则系统的温度随时间的变化是均匀的,冷却速率较快(如图中 ab 线段);若在冷却过程中发生了相变,由于在相变过程中伴随着放热效应,所以

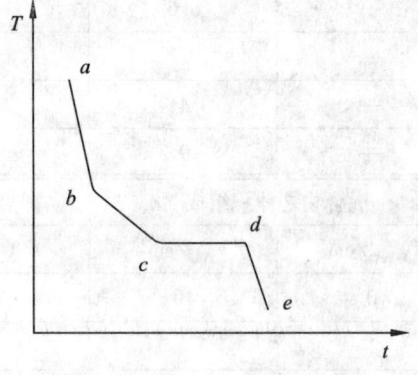

图 2-16 步冷曲线

系统的温度随时间变化的速率发生改变,系统的冷却速率减慢,步冷曲线上出现转折(如图中 b 点)。当溶液继续冷却到某一点时(如图中 c 点),此时溶液系统以低共熔混合物的固体析出。在低共熔混合物全部凝固以前,系统温度保持不变,因此步冷曲线上出现水平线段(如图中 cd 线段);当溶液完全凝固后,温度才迅速下降(如图中 de 线段)。

由此可知,对组成一定的二组分低共熔混合物系统,可以根据它的步冷曲线得出有固体析出的温度和低共熔点温度。根据一系列组成不同系统的步冷曲线的各转折点,即可画出二组分系统的相图(温度-组成图)。不同组成溶液的步冷曲线对应的相图如图 2-17 所示。

用热分析法(步冷曲线法)绘制相图时,被测系统必须时时处于或接近相平衡状态,因此冷却速率要足够慢才能得到较好的结果。

本实验测量 w_{Bi} 为 30% ~ 80% 的二组分系统,其相图与液相完全互溶而固相完全不互溶系统的相图相似。

三、仪器与试剂

KWL-09 型可控升降温电炉 1 台;SWKY-I 数字控温仪 1 台;传感器 2 支;不锈钢样品管

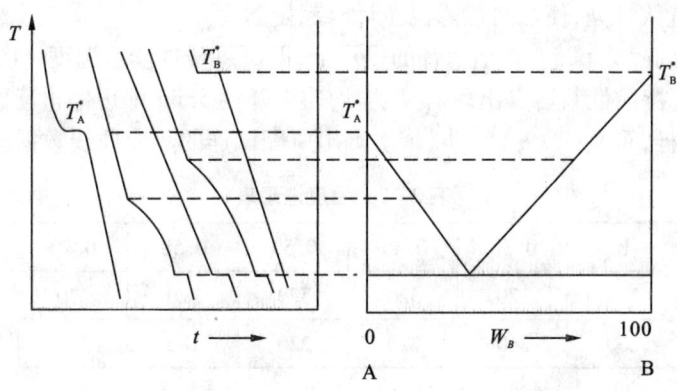

图 2-17 步冷曲线与相图

1 支;纯锡;纯铋;石墨粉等。

四、实验步骤

(1) 用感量为 0.1g 的台秤,分别配制含 Bi 量为 30%、40%、50%、58%(低共熔混合物)、70%、80%(均为质量分数)的 Bi-Sn 混合物各 100g,另外称纯 Bi、纯 Sn 各 100g 分别放入 8 个样品管中,覆盖一层石蜡或石墨粉,防止金属被氧化。(实验室准备)

(2) 将装有试样的不锈钢样品管放入相图炉控温区内,温度传感器 Ⅰ 插入控温传感器插孔,温度传感器 Ⅱ 插入样品管中(图 2-18)。(两只传感器不得插反)

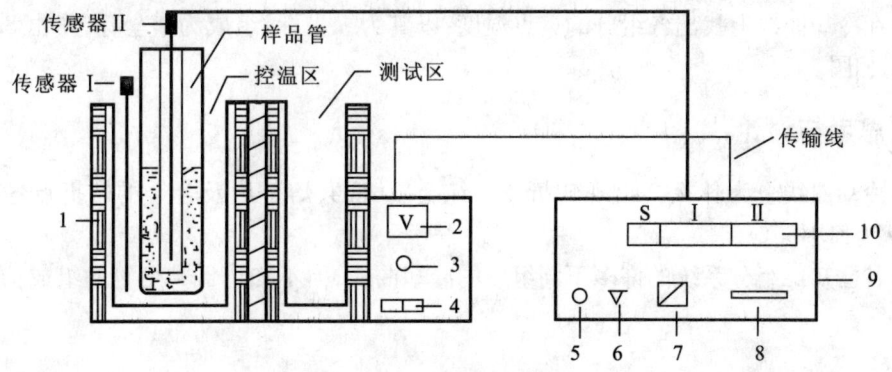

图 2-18 实验装置示意图

1. 可控升降温电炉;2. 电压表;3. 加热量调节旋钮;4. 开关;5. 控温仪开关;
6. 计时设置;7. 工作/置数键;8. 温度设置;9. 数字控温仪;10. 温度显示屏

(3) 接通电源,控温仪开关置于"开",显示初始状态,"温度显示 Ⅰ"为 320℃(默认设定温度),"温度显示 Ⅱ"为温度传感器 Ⅱ 实时温度,"置数"指示灯亮。(置数状态时仪器不加热,温度显示 Ⅱ 只显示被测物的温度,无控温功能)

(4) 按"工作/置数"键,工作指示灯亮,"温度显示 Ⅰ"从设置温度转换为控制温度当前值。控温区开始升温,"温度显示 Ⅰ"与"温度显示 Ⅱ"温度逐渐升高,当"温度显示 Ⅱ"与"温度显示 Ⅰ"的温度相近时(均接近 320℃),恒温 10min,打开样品管将样品小心搅拌均匀后,按

"工作/置数"键,置数灯亮,使之自然降温至计时起始温度。

(5)设置记时间隔为60s。在指示音的提示下,即可每分钟读取温度一次(可据表2-3所示温度开始记录),待最低共熔点出现后,温度均匀下降约5min即可停止读数。

(6)换其他试样,重复(2)~(5)步,依次测出所配试样的步冷曲线数据。关闭电源。

表2-3 温度记录表

w_{Bi}	0	0.30	0.40	0.50	0.58	0.70	0.80	1
温度设置/℃	320	320	320	320	320	320	320	320
计时起始温度/℃	260	240	220	220	180	280	300	300

五、注意事项

(1)实验中"设定温度"和"实验最高温度"不同,"实验最高温度"是在仪器达到设定温度停止工作后,仪器中的加热电炉继续上升到的温度。

(2)熔融试样时要搅拌均匀,为确保试样熔融,温度稍高一些为好,但不可过高,以防样品氧化,搅拌时注意样品管不能离开加热炉。

(3)由于炉温较高,因此搅拌时要带上防护手套。

五、数据记录与处理

(1)以温度为纵坐标,时间为横坐标,用坐标纸绘出各组分的冷却曲线。

(2)在冷却曲线上找出各组分的熔点温度,以其为纵坐标,组成为横坐标,作出 Sn-Bi 二组分金属相图。

六、思考与讨论

(1)冷却曲线上为什么会出现转折点?纯金属、低共熔金属及合金的转折点各有几个?曲线形状为何不同?

(2)若已知二组分系统的许多不同组成的冷却曲线,但不知道低共熔物的组成,有何办法确定?

实验八 凝固点降低法测摩尔质量

一、实验目的

(1)测定环己烷的凝固点降低值,计算萘的摩尔质量。

(2)掌握溶液凝固点的测定技术。

二、实验原理

当稀溶液凝固析出纯固体溶剂时,则溶液的凝固点低于纯溶剂的凝固点,其降低值与溶液的质量摩尔浓度成正比,即

$$\Delta T = T_f^* - T_f = K_f \cdot m_B \tag{2-22}$$

式中,T_f^* 为纯溶剂的凝固点;T_f 为溶液的凝固点;m_B 为溶液中溶质 B 的质量摩尔浓度;K_f 为溶剂的质量摩尔凝固点降低常数,它的数值仅与溶剂的性质有关。

若称取一定量的溶质 $W_B(g)$ 和溶剂 $W_A(g)$,配成稀溶液,则此溶液的质量摩尔浓度为

$$m = \frac{W_B}{M_B \cdot W_A} \times 10^{-3}$$

式中,M_B 为溶质的摩尔质量。将该式代入式(2-22),整理得

$$M_B = K_f \frac{W_B}{\Delta T \cdot W_A} \times 10^{-3} \tag{2-23}$$

若已知某溶剂的凝固点降低常数 K_f 值,通过实验测定此溶液的凝固点降低值 ΔT,即可计算溶质的摩尔质量 M_B。

通常测凝固点的方法是将溶液逐渐冷却,但冷却到凝固点,并不析出晶体,往往成为过冷溶液。然后由于搅拌或加入晶种促使溶剂结晶,由结晶放出的凝固热,使体系温度回升,当放热与散热达到平衡时,温度不再改变。此固液两相共存的平衡温度即为溶液的凝固点。但过冷太厉害或寒剂温度过低,则凝固热抵偿不了散热,此时温度不能回升到凝固点,在温度低于凝固点时完全凝固,就得不到正确的凝固点。从相律看,溶剂与溶液的冷却曲线形状不同。对纯溶剂两相共存时,自由度 $f' = 1 - 2 + 1 = 0$,冷却曲线出现水平线段,其形状如图 2-19(a) 所示。对溶液两相共存时,自由度 $f' = 2 - 2 + 1 = 1$,温度仍可下降,但由于溶剂凝固时放出凝固热,使温度回升,但回升到最高点又开始下降,所以冷却曲线不出现水平线段,如图 2-19(b) 所示。由于溶剂析出后,剩余溶液浓度变大,显然回升的最高温度不是原浓度溶液的凝固点,严格的做法应作冷却曲线,并按图 2-19(b) 中所示方法加以校正。但由于冷却曲线不易测出,而真正的平衡浓度又难于直接测定,实验总是用稀溶液,并控制条件使其晶体析出量很少,所以以起始浓度代替平衡浓度,对测定结果不会产生显著影响。

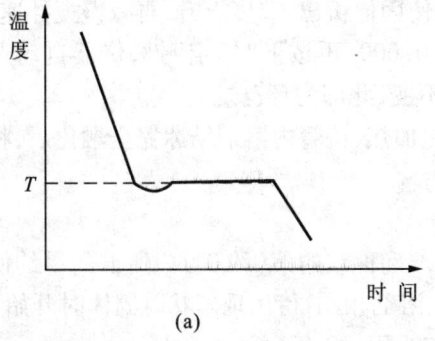
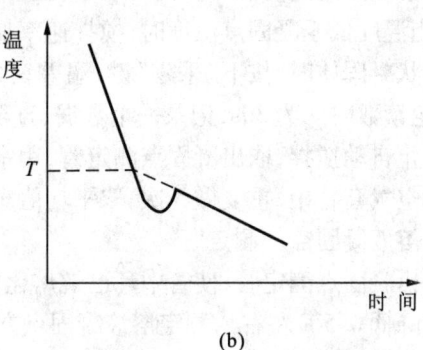

图 2-19 溶剂与溶液的冷却曲线

本实验测纯溶剂与溶液凝固点之差,由于差值较小,所以测温需用较精密仪器,本实验使用温差仪。

三、仪器与试剂

SWC-LG$_D$ 凝固点测定仪 1 套;SWC-Ⅱ$_D$ 精密数字温度温差仪 1 台;烧杯 2 个;水银温度

计($-10\sim 50$℃)1只;移液管(25ml)1支;环己烷(A.R.);萘(A.R.);冰。

四、实验步骤

1. 测定前准备工作

接通电源(图2-20),打开窗口开关,将水银温度计放入冰浴槽插孔中,并在冰浴槽中加入碎冰、自来水,调节冰水的量使寒剂的温度为3℃左右,在实验过程中不断搅拌并补充少量冰,使寒剂保持在此温度。将空气套管放入测定端口(注:先将上面的塑料圈拧下,空气套管放入后再拧上)。

2. 溶剂凝固点的测定

用移液管准确吸取25.00cm³环己烷(凝固点t_f为6.54℃,降低常数K_f为20.0℃·kg·mol⁻¹)加入洗净烘干的凝固点测定管中,将温度传感器插入橡胶塞中,然后将橡胶塞塞入测定管,注意传感器应插入与凝固点测定管管壁平行的中央位置,插入深度距底部5mm为佳。

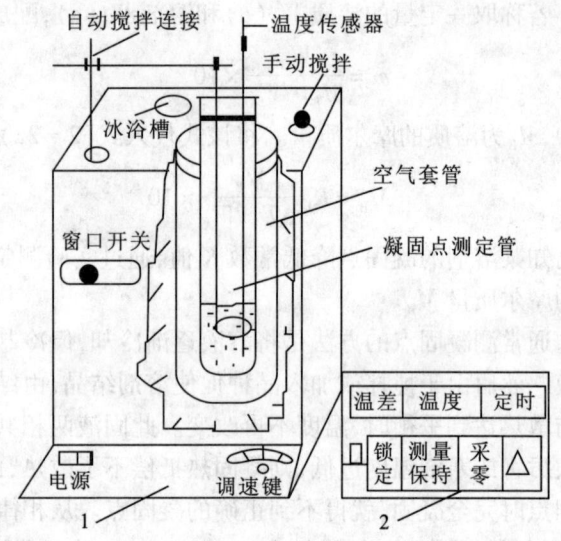

图2-20 凝固点实验装置
1. SWC-LG$_D$凝固点测定仪;2. SWC-Ⅱ$_D$精密数字温度温差仪

打开温度温差仪开关,此时显示屏显示仪表初始状态(实时温度),温差显示基温20℃时的温差值。

将凝固点测定管插入空气套管中,调节自动搅拌调节旋钮,先缓慢搅拌,使溶剂温度均匀下降,当温度低于凝固点温度时,搅拌速率加快,促使固体析出,温度上升,再减慢搅拌速率,待出现絮状凝固体时,按下"采零"键,温差窗口显示0.000,再按下"锁定"键,仪器自动选择基温,设定读数时间为30s,记录一个数据,直至稳定不变,此即为环己烷凝固点。

停止自动搅拌,取出凝固点测定管,用掌心握住加热,待管内溶剂结冰完全融化后,将测定管插入空气套管中,重复做3次,取平均值。

3. 溶液凝固点的测定

取出凝固点测定管,使管中环己烷熔化并加入准确称重的萘(约0.1g,所加的量约使溶液凝固点降低0.5℃左右),测定溶液凝固点方法与纯溶剂相同,待出现絮状凝固体时开始每30s记录一个数据,重复测定3次,要求其绝对平均误差小于±0.006℃。

当有过冷现象时,读取过冷后回升所达到的最高温度。

4. 实验结束

实验结束关闭电源,将冰浴槽中水放干净。

五、注意事项

(1)搅拌速率的控制是做好本实验的关键,为防止过冷超过0.5℃,当温度低于凝固点温度时,必须及时调整调速旋钮,加快搅拌速率,以控制过冷程度。

(2)寒剂温度对实验结果也有很大影响,过高会导致冷却太慢,过低则测不出正确的凝固点。

(3)严格地说,纯溶剂和溶液的冷却曲线,均应通过外推法求得凝固点 T_f^* 和 T_f。

六、数据处理

(1)根据 $\rho_t/(g \cdot ml) = 0.7971 - 0.8879 \times 10^{-3}t$ 计算室温时环己烷的密度,算出环己烷的质量 W_A。

(2)将实验数据列入表2-4中。

表2-4 凝固点降低法测摩尔质量实验数据记录表

物质	质量(g)	凝固点		凝固点降低值(℃)
		测量值(℃)	平均值(℃)	
环己烷		1		
		2		
		3		
萘		1		
		2		
		3		

(3)由所得数据计算萘的摩尔质量,并计算与理论值的相对误差。

七、思考题

(1)为什么要先测近似凝固点?
(2)如何防止过冷现象产生?
(3)根据什么原则考虑加入溶质的量?太多或太少影响如何?

实验九 黏度法测定高聚物的摩尔质量

一、实验目的

(1)了解黏度的物理意义。
(2)掌握用乌氏黏度计测定黏度的方法。
(3)测定聚乙烯醇的摩尔质量。

二、实验原理

高聚物是由单体分子经加聚或缩聚过程得到的,其聚合度不一定相同,一般高聚物是摩尔质量大小不同的大分子混合物,摩尔质量常在 $10^3 \sim 10^7$ 之间。因此,高聚物的摩尔质量是一个统计平均值。高聚物摩尔质量不仅反映了高聚物分子的大小,而且直接关系到它的物理性能,是一个重要的基本参数。

测定高聚物摩尔质量的方法很多。黏度法设备简单，操作方便，并有很好的实验精度，是常用的方法之一。用此法求得的摩尔质量称为黏均摩尔质量。

黏度是液体流动时内摩擦力大小的反映。当液体受到外力作用产生流动时，在流动着的液体层之间存在着切向的内部摩擦力。液体内摩擦力 f 的大小与两液层的接触面积 A 和速率梯度 $\dfrac{\mathrm{d}v}{\mathrm{d}r}$ 成正比，即

$$f = \eta A \dfrac{\mathrm{d}v}{\mathrm{d}r} \tag{2-24}$$

式中，比例系数 η 称为黏度系数或黏度。在国际单位制中，黏度的单位为 $\mathrm{N\cdot m^{-2}\cdot s}$，即 $\mathrm{Pa\cdot s}$(帕·秒)，习惯上常用 P(泊)或 cP(厘泊)来表示，两者的关系为：$1\mathrm{P} = 10^{-1}\mathrm{Pa\cdot s}$。

高聚物溶液的特点是黏度特别大，原因在于其分子链长度远大于溶剂分子，加上溶剂化作用，使其在流动时受到较大的内摩擦力。纯溶剂黏度反映了溶剂分子间的内摩擦力，高聚物溶液的黏度则是高聚物分子间的内摩擦力、高聚物分子与溶剂分子间的内摩擦力及溶剂分子间内摩擦力三者之和。在相同温度下，通常高聚物溶液的黏度 η 大于纯溶剂黏度 η_0。定义高聚物溶液黏度比纯溶剂黏度增大的分数为增比黏度 η_{sp}，即

$$\eta_{sp} = \dfrac{\eta - \eta_0}{\eta_0} = \eta_r - 1 \tag{2-25}$$

式中，η_r 称为相对黏度，定义为溶液黏度与纯溶剂黏度的比值。η_{sp} 反映出已扣除了溶剂分子间的内摩擦力后仅留下的高聚物分子与溶剂分子间的内摩擦力以及高聚物分子间的内摩擦力。对于高聚物溶液，增比黏度 η_{sp} 往往随溶液的浓度 c 的增加而增加。为了便于比较，将单位浓度下所显示出的增比黏度，即 $\dfrac{\eta_{sp}}{c}$，称为比浓黏度。

当溶液无限稀释时，高聚物分子彼此相隔甚远，它们之间的相互作用可以忽略，此时有关系式

$$\lim_{c \to 0} \dfrac{\eta_{sp}}{c} = \lim_{c \to 0} \dfrac{\ln \eta_r}{c} = [\eta] \tag{2-26}$$

式中，$[\eta]$ 称为特性黏度，它反映的是高聚物分子与溶剂分子之间的内摩擦，其数值取决于溶剂的性质以及高聚物分子的大小和形态，单位是浓度 c 单位的倒数。

因此，通过 $\dfrac{\eta_{sp}}{c}$ 对 c、$\dfrac{\ln \eta_r}{c}$ 对 c 作图，外推至 $c \to 0$ 时所得的截距即为 $[\eta]$。显然，对于同一高聚物，由上面两个线性方程作图外推所得截距应交于同一点，如图 2-21 所示。

在一定温度和溶剂条件下，特性黏度 $[\eta]$ 和高聚物摩尔质量 M 之间的关系通常用 Mark-Houwink 经验方程式来表示：

$$[\eta] = KM^{\alpha} \tag{2-27}$$

式中，M 是黏均摩尔质量；K 和 α 是与温度、高聚物及溶剂性质有关的常数。K 值对温度较为敏感，α 值取决于高聚物分子链在溶剂中的舒展程度，其数值介于 $0.5 \sim 1$ 之间。K 与 α 的数值可通过其他绝对方法确定，例如渗透压法、光散射法等。黏度法不是测摩尔质量的绝对方法，只能通过测得 $[\eta]$，再由式(2-27)求得高聚物的黏均摩尔质量。K 和 α 的数值可从有关手册中查到，查找时一定要注意这两个常数的测定条件。

测定黏度的方法主要有毛细管法、转筒法和落球法。本实验采用毛细管法，用乌氏粘度计

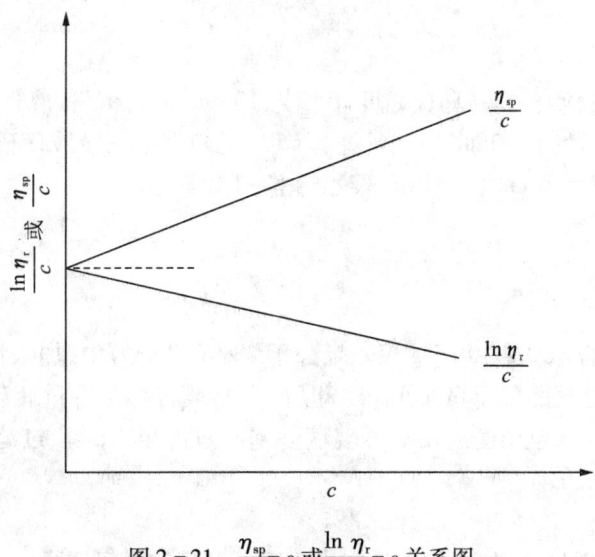

图 2-21 $\frac{\eta_{sp}}{c}-c$ 或 $\frac{\ln \eta_r}{c}-c$ 关系图

（图 2-22）进行测定，其最大优点是溶液的体积对测定无影响，所以可在黏度计内采取稀释的方法，得到不同浓度的溶液。

当液体在重力作用下流经毛细管时，遵守 Poiseuille 定律：

$$\frac{\eta}{\rho} = \frac{\pi h g r^4 t}{8Vl} - m\frac{V}{\pi lt} \quad (2-28)$$

式中，η 为液体的黏度；ρ 为液体的密度；l 为毛细管的长度；r 为毛细管的半径；t 为流出的时间；h 为流过毛细管液体的平均液柱高度；V 为流经毛细管的液体体积；m 为毛细管末端校正的参数。

对于某一支指定的黏度计而言，式（2-28）可写成下式

$$\frac{\eta}{\rho} = At - \frac{B}{t} \quad (2-29)$$

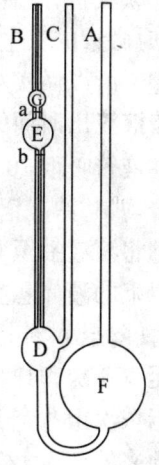

式中，$B<1$，当流出的时间 t 在 2min 左右（大于 100s），$\frac{B}{t}$ 项可以从略。

图 2-22 乌氏黏度计示意图

在测定溶液和溶剂的相对黏度时，如果是稀溶液，溶液的密度与溶剂的密度可近似地看作相同，则相对黏度可以表示为

$$\eta_r = \frac{\eta}{\eta_0} = \frac{t}{t_0} \quad (2-30)$$

式中，η、η_0 为溶液和纯溶剂的黏度；t 和 t_0 分别为溶液和纯溶剂的流出时间。所以通过溶剂和溶液在毛细管中的流出时间，由式（2-30）求得 η_r，再由图 2-21 求得 $[\eta]$。

温度对液体的黏度有明显的影响，一般温度升高，液体的黏度会减小，故测定黏度必须在恒温下进行。

三、仪器与试剂

玻璃恒温槽 1 套；秒表 1 块；乌氏黏度计 1 支；10 cm^3 和 5 cm^3 移液管各 1 支；锥形瓶 1 个；容量瓶(50 cm^3) 1 个；量筒(50 cm^3) 1 个；烧杯(50 cm^3) 1 个；三号玻璃砂漏斗 1 只，洗耳球 1 个；夹子 1 个；软胶管(约 5 cm 长) 2 根；聚乙烯醇；正丁醇。

四、实验步骤

1. 溶液的配制

用分析天平准确称取 0.4~0.5 g 聚乙烯醇于烧杯(50 cm^3)中，加入约 30 cm^3 蒸馏水，稍加热使其完全溶解(温度不宜高于 60℃)。冷却后，小心地转移至容量瓶(50 cm^3)中，滴几滴正丁醇(起消泡作用)，加水至刻度。用三号玻璃砂漏斗过滤(因溶解、过滤较慢，这一工作可由实验室实验员预先完成)。

2. 恒温槽准备

将搅拌器尽量靠近加热器，而黏度计应当置于恒温槽的中间位置，这样温度波动对黏度测定的影响较小。调节恒温槽温度至(30.0±0.1)℃。取已烘干、洁净的乌氏黏度计 1 支，在 C 管上接上软胶管，然后垂直地夹在恒温槽中，使水面完全浸没 G 球。注意：黏度计必须洁净、干燥，有时微量的灰尘、油污等会产生局部的堵塞现象，影响溶液在毛细管中的流速，而导致较大的误差。所以做实验之前应彻底洗净，放在烘箱中干燥备用。

3. 溶液流出时间的测定

用移液管吸取 10 cm^3 聚乙烯醇水溶液，由 A 管注入黏度计中，在 C 管处用洗耳球打气，使溶液混合均匀，浓度记为 c_1，恒温 10 min 后进行测定。将 C 管用夹子夹紧使之不通气，在 B 管用洗耳球将溶液抽至 G 球中部，解去夹子，让 C 管通大气，此时 D 球内的溶液即回入 F 球，使毛细管以上的液体悬空。毛细管以上的液体下落，当液面流经 a 刻度时，立即按秒表开始记时间，当液面降至 b 刻度时，再按秒表，测得刻度 a、b 之间的液体流经毛细管所需时间。重复这一操作至少 3 次，时间相差不大于 0.3s，取 3 次的平均值为 t_1。

然后依次由 A 管用移液管加入 5 cm^3、5 cm^3、10 cm^3、10 cm^3 已恒温的蒸馏水，即将溶液浓度稀释为原来的 2/3、1/2、1/3、1/4，用同法测定每份溶液流经毛细管的时间 t_2、t_3、t_4、t_5。应注意每次加入蒸馏水后，要充分混合均匀，并抽洗黏度计的 E 球和 G 球，使之流下，反复数次，使黏度计内溶液各处的浓度相等。

4. 溶剂流出时间的测定

倒出溶液，用蒸馏水清洗黏度计 3 次(包括小球、毛细管、B 管和 C 管)，务必洗净。用移液管吸取 10 cm^3 溶剂(蒸馏水)注入黏度计，测定流出时间 t_0。

实验完毕后，黏度计一定要用蒸馏水洗干净，并放进烘箱干燥。

五、注意事项

(1) 黏度计必须洁净，高聚物溶液中若有絮状物，则不能移入黏度计中。

(2) 黏度计要垂直放置。实验过程中不要振动黏度计。

(3) 在聚乙烯醇溶液中加入几滴正丁醇以消泡沫。为保证实验数据的规律性，在纯溶剂中也应加入同样多的正丁醇。

(4)抽吸液体必须缓慢,避免气泡的形成。若 D 球中有气泡,应将其赶到 F 球中去。液面升到 E 球中时液面上不得有气泡。

六、数据记录及处理

(1)将所测的实验数据及计算结果填入表2-5中。

表2-5 黏度法测高聚物的摩尔质量实验数据记录表

黏度计号_____ 恒温温度/℃_____
原始溶液浓度 $c_0/(\text{g} \cdot \text{cm}^{-3})$_____

$c/(\text{g} \cdot \text{cm}^{-3})$	$t(1)$/s	$t(2)$/s	$t(3)$/s	$t_{平均}$/s	η_r	$\ln\eta_r$	$\ln\eta_r/c$	η_{sp}	η_{sp}/c
0					/	/	/	/	/
c_0									
$2c_0/3$									
$c_0/2$									
$c_0/3$									
$c_0/4$									

(2)作 $\dfrac{\eta_{sp}}{c}-c$ 及 $\dfrac{\ln\eta_r}{c}-c$ 图,并外推到 $c \to 0$,由截距求出 $[\eta]$。

(3)将 $[\eta]$ 代入式(2-27),计算聚乙烯醇的黏均摩尔质量。
已知聚乙烯醇水溶液,30℃,$K = 6.65 \times 10^{-2} \text{cm}^3 \cdot \text{g}^{-1}$,$\alpha = 0.64$。

七、思考题

(1)乌式黏度计中支管 C 有何作用?除去支管 C 是否可测定黏度?
(2)黏度计的毛细管太粗或太细有什么缺点?
(3)为什么用 $[\eta]$ 来求算高聚物的分子量?它和纯溶剂黏度有无区别?
(4)实验中哪些操作影响黏度测定的准确性?
(5)本实验中可以用不同的黏度计分别进行测定吗?
(6)乌式黏度计为什么一定要垂直?

第二节 动力学部分

实验十 蔗糖水解反应速率常数的测定

一、实验目的

根据物质的光学性质研究蔗糖水解反应,测定其反应速率常数。掌握旋光仪的使用方法。

二、实验原理

蔗糖在水中水解成葡萄糖与果糖的反应为：

$$C_{12}H_{22}O_{11} + H_2O \xrightarrow{H_3O^+} C_6H_{12}O_6 + C_6H_{12}O_6$$
$$\text{蔗糖} \qquad\qquad\qquad \text{葡萄糖} \quad \text{果糖}$$

为使水解反应加速，反应常常以 H_3O^+ 为催化剂，故在酸性介质中进行。水解反应中，水是大量的，反应达终点时，虽有部分水分子参加反应，但与溶质浓度相比可认定它的浓度没有改变，故此反应可视为一级反应，动力学方程式为：

$$-\frac{dc}{dt} = kc \tag{2-31}$$

或

$$\ln\frac{c}{c_0} = -kt \tag{2-32}$$

式中，c_0 为反应开始时的蔗糖浓度；c 为时间 t 时的蔗糖浓度。

蔗糖及其水解产物均为旋光物质，当反应进行，如让一束偏振光通过溶液，则可观察到偏振面的转移。蔗糖是右旋的，水解混合物是左旋的，所以偏振面将由右边旋向左边。偏振面的转移角度称为旋光度，以 α 表示。因此可利用系统在反应过程中旋光度的改变来量度反应的过程。溶液的旋光度与溶液中所含旋光物质的种类、浓度、液层厚度、光源波长及反应时的温度等因素有关。

为了比较各种物质的旋光能力，引入比旋光度 $[\alpha]$ 这一概念并以下式表示：

$$[\alpha]_D^t = \frac{\alpha}{l \cdot c} \tag{2-33}$$

式中，t 为实验温度；D 为所用光源波长；α 为旋光度；l 为液层厚度（常以 10cm 为单位）；c 为浓度（常用 100cm³ 溶液中溶有 m 克物质来表示）。式(2-33)可写成：

$$[\alpha]_D^t = \frac{\alpha}{l \cdot m/100} \tag{2-34}$$

或

$$\alpha = [\alpha]_D^t \cdot l \cdot c \tag{2-35}$$

由式(2-35)可看出，当其他条件不变时，旋光度与反应物浓度成正比，即

$$\alpha = Kc \tag{2-36}$$

式中，K 是与物质的旋光能力、溶液厚度、溶剂性质、光源的波长、反应时的温度等有关系的常数。

蔗糖是右旋性物质，葡萄糖也是右旋性物质，果糖是左旋性物质，它们的比旋光度为：

$$[\alpha_\text{蔗}]_D^{20℃} = 66.65°;\ [\alpha_\text{葡}]_D^{20℃} = 52.5°;\ [\alpha_\text{果}]_D^{20℃} = -91.9°$$

正值表示右旋，负值表示左旋。

可见当水解反应进行时，右旋角不断减小，当反应终了时体系将经过零变成左旋。

因为上述蔗糖水解反应时，反应物与生成物都具有旋光性。旋光度与浓度成正比，且溶液的旋光度为各组成旋光度之和（加和性）。若 α_0、α_t、α_∞ 分别为反应时间 0、t、∞ 时溶液的旋光度，由式(2-32)即可导出：

$$c_0 = K(\alpha_0 - \alpha_\infty) \tag{2-37}$$

$$c = K(\alpha_t - \alpha_\infty) \tag{2-38}$$

将式(2-37)、式(2-38)代入式(2-32)可得：

$$\ln \frac{\alpha_t - \alpha_\infty}{\alpha_0 - \alpha_\infty} = -kt \tag{2-39}$$

上式中 $\ln(\alpha_t - \alpha_\infty)$ 对 t 作图，从所得直线的斜率即可求得反应速率常数 k。

三、仪器与试剂

WZZ-2B 自动旋光计（带旋光管）1 台；超级恒温水浴 1 套；锥形瓶（100 cm³）2 个；移液管（25 cm³）2 支；2 mol·dm⁻³ HCl 溶液；蔗糖（A.R.）；烧杯（100 cm³）1 个。

四、操作步骤

1. 调节水温

将恒温水浴调节到 20℃ 恒温，然后将旋光管口外套接上恒温水。

2. 旋光仪零点的校正（旋光仪见第三章仪器使用简介部分）

洗净旋光管各部分零件，将旋光管一端的螺帽旋紧，向管内注入蒸馏水，取玻璃盖片沿管口轻轻推入盖好，再旋紧螺帽，勿使漏水或有气泡产生，盖上箱盖，待示数稳定后，按清零按钮。

3. 蔗糖水解过程中 α_t 的测定

称取 10 g 蔗糖，溶于蒸馏水中用 50 cm³ 容量瓶制成溶液。如溶液浑浊需进行过滤，用移液管取 25 cm³ 蔗糖溶液和 25 cm³ 2 mol·dm⁻³ HCl 溶液分别注入 2 个 100 cm³ 干燥的锥形瓶中，并将 2 个锥形瓶同时置于恒温槽中恒温 10~15 min，待恒温后，将 HCl 溶液加到蔗糖溶液的锥形瓶中混合，并在 HCl 溶液加入一半时开动秒表作为反应的开始时间，不断振荡摇动，迅速取少量混合液清洗旋光管 2 次，然后以此混合液注满旋光管，盖好玻璃片，旋紧套盖（检查是否漏液、有气泡），擦净旋光管两端玻璃片，立刻置于旋光仪中，盖上箱盖，仪器数显窗将显示出该样品的旋光度。测定第一个旋光度数值后，每隔 5 min 测一次，经 1 h 后停止实验。

4. α_∞ 的测定

为了得到反应终了时的旋光度 α_∞，将步骤 3 中混合液保留好，48 h 后重新恒温观察其旋光度，此即为 α_∞。也可将剩余的混合液置于 65℃ 的水浴中保留 1 h，以加速水解反应，然后冷却至实验温度，测其旋光度，此值即可认为是 α_∞。

五、数据记录和处理

（1）将所测实验数据及计算结果填入表 2-6 中。

表 2-6 蔗糖水解反应速率常数测定实验数据记录表

次数	t/min	α_t	$\alpha_t - \alpha_\infty$	$\ln(\alpha_t - \alpha_\infty)$	k
1					
2					
3					
4					
5					
HCl 浓度			$\alpha_0 - \alpha_\infty$		α_∞

(2)以 $\ln(\alpha_t - \alpha_\infty)$ 对 t 作图,由所得直线斜率算出反应速率常数 k。

(3)由上述直线外推至 $t=0$,求得 $\ln(\alpha_t - \alpha_\infty)$,再代入式(2-39)计算 k 值,并与 $\ln(\alpha_t - \alpha_\infty) - t$ 图中所得反应速率常数 k 值进行比较。

(4)计算蔗糖水解反应的半衰期。

实验十一 一级反应——过氧化氢的催化分解

一、实验目的

(1)熟悉一级反应特点。
(2)了解反应物浓度、催化剂、温度等因素对反应速率的影响。
(3)测定在催化剂作用下,H_2O_2 分解反应的速率常数,并求反应的活化能。

二、实验原理

化学反应速率取决于反应物浓度、温度、反应压力、催化剂、搅拌速率等许多原因。凡是反应速率与反应物浓度的一次方成正比的反应称为一级反应。实验证明 H_2O_2 的分解反应为一级反应,当没有催化剂存在时,分解反应进行很慢;加入催化剂则能促进其分解。许多催化剂如 KI、MnO_2、$FeCl_3$、Ag、Pt 等及光的作用都能大大加速此反应。

H_2O_2 分解反应化学反应方程为

$$H_2O_2 \longrightarrow H_2O + \frac{1}{2}O_2$$

本实验用 KI 作催化剂,按下列步骤进行

$$H_2O_2 + KI \longrightarrow KIO + H_2O(慢) \tag{1}$$

$$KIO \longrightarrow KI + \frac{1}{2}O_2(快) \tag{2}$$

由于反应(1)的反应速率较反应(2)慢得多,故整个反应的速率决定于反应(1),因而可以假定反应速率方程式为

$$-\frac{dc_{H_2O_2}}{dt} = kc_{KI} \cdot c_{H_2O_2}$$

由于反应过程中 KI 不断再生,故其浓度不变,上式可简化为

$$-\frac{dc_{H_2O_2}}{dt} = k_1 \cdot c_{H_2O_2}$$

将上式积分得

$$\ln\frac{c_t}{c_0} = -k_1 \cdot t \tag{2-40}$$

式中,c_0 为 H_2O_2 的初始浓度;c_t 为 t 时刻 H_2O_2 的浓度。

在 H_2O_2 催化分解过程中,t 时刻 H_2O_2 的浓度 c_t 可通过测量在相应的时间内分解放出的氧气体积得出。因分解过程中,放出氧气的体积与分解了的 H_2O_2 浓度成正比,其比例常数为定

值。

令 V_∞ 表示 H_2O_2 全部分解放出的氧气体积;V_t 表示 H_2O_2 在 t 时刻分解放出的氧气体积,则:$c_0 \propto V_\infty, c_t \propto (V_\infty - V_t)$,将该式代入式(2-40)得

$$\ln \frac{c_t}{c_0} = \ln \frac{V_\infty - V_t}{V_\infty} = -k_1 \cdot t \qquad (2-41)$$

或

$$\ln(V_\infty - V_t) = -k_1 \cdot t + \ln V_\infty \qquad (2-42)$$

如果以 $\ln(V_\infty - V_t)-t$ 作图得一直线,即可验证是一级反应,由直线的斜率就可求出 k_1。V_∞ 可采用 3 种方法求取:

(1) 外推法:以 $1/t$ 为横坐标,V_t 为纵坐标作图,将直线外推至 $1/t=0$,其截距即为 V_∞。

(2) 加热法:在测定若干个 V_t 的数据之后,将 H_2O_2 溶液加热至 50~60℃约 15min,可以认为 H_2O_2 已基本分解。待溶液完全冷却后,记下量气管的读数,即为 V_∞。

(3) 用 $KMnO_4$ 溶液滴定 H_2O_2 溶液来求算 V_∞,求 V_∞ 的计算公式为:

$$V_\infty = \frac{1}{4} \cdot \frac{c_{\frac{1}{2}H_2O_2} \cdot V_{H_2O_2} \cdot RT}{p - p_{H_2O}} \qquad (2-43)$$

式中,T 为实验温度,单位为 K;p_{H_2O} 为实验温度下水的饱和蒸气压,单位为 Pa;p 为当天大气压,单位为 Pa。

三、仪器与试剂

DF-101 型集热式恒温加热磁力搅拌器 1 台;10cm³ 移液管 2 支;50cm³ 移液管 1 支;10cm³ 量筒 1 个;250cm³ 锥形瓶 2 个;50cm³ 酸式滴定管 1 个;过氧化氢分解瓶 1 个;秒表 1 块;2% H_2O_2 溶液;0.2 mol·dm⁻³(1/5$KMnO_4$)标准液;3mol·dm⁻³ H_2SO_4 溶液;0.1mol·dm⁻³ KI 溶液。

四、实验步骤

实验装置如图 2-23 所示。

(1) 调节 DF-101 型集热式恒温加热磁力搅拌器温度至 298.2K,在洁净干燥的过氧化氢分解瓶中注入 30.00cm³ H_2O、10.00cm³ 0.1mol·dm⁻³ KI 溶液,贴壁轻轻放入磁搅拌子,再将半乒乓球轻轻地放入分解瓶,使之浮在液面上,并小心地在半乒乓球中加入 10.00 cm³ 2% 的 H_2O_2 溶液(注意此时过氧化氢溶液绝不能与碘化钾溶液混合),然后塞紧瓶塞。

(2) 检查系统的气密性。将三通活塞旋至 b 位置,移动水准瓶使 5、6 两量气管液面至 0 刻度附近,再将三通活塞旋至 a 位置,并

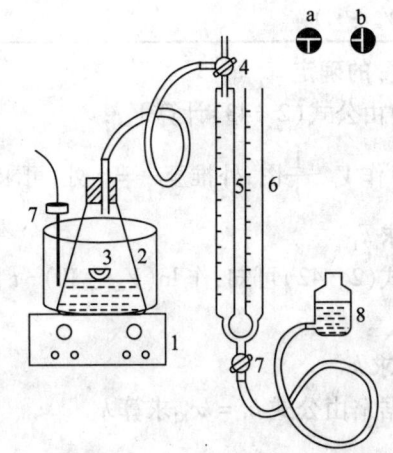

图 2-23 过氧化氢分解实验装置
1.集热式恒温加热磁力搅拌器;2.过氧化氢分解瓶;3.乒乓球催化剂托盘;4.三通旋塞;5、6.量气管;7.测温探头;8.水准瓶

将水准瓶放回固定支架上,如果两量气管液差能维持不变,则可认为系统不漏气。

(3)将三通活塞重新旋至 b 位置,调节水准瓶,使液面对准量气管 0 刻度;再旋三通活塞至 a 位置;开动磁力搅拌器,使乒乓球内的过氧化氢与碘化钾混合,同时开始记时;在反应过程中,慢慢向下移动水准瓶,使水位与量气管 5、6 液面平齐,每隔 1min 记录一次量气管读数,直至量气管液面降至 $40cm^3$ 以下时停止。

(4)保持 298.2K 温度不变,取 $20.00cm^3 H_2O$、$10.00cm^3 0.1mol \cdot dm^{-3} KI$ 溶液、$10.00cm^3$ 2% H_2O_2 溶液,重复以上实验步骤。

(5)H_2O_2 初始浓度的测定。用移液管吸取 $5.00cm^3$ 2% H_2O_2 溶液放入 $250cm^3$ 锥形瓶中。用 $10cm^3$ 量筒加入 $10cm^3 3mol \cdot dm^{-3} H_2SO_4$ 溶液,用 $KMnO_4$ 标准溶液滴定。反应方程式如下:

$$5H_2O_2 + 2MnO_4^- + 6H^+ =\!=\!= 2Mn^{2+} + 5O_2 + 8H_2O$$

溶液由无色至微红为滴定终点,记下消耗的 $KMnO_4$ 体积。

五、数据处理

1. 数据记录

将所测的实验数据及计算结果填入表 2-7 中。

表 2-7 过氧化氢催化分解实验数据记录表

室温/℃_____   实验温度/℃_____   大气压/Pa_____

t/min						
V/cm^3						
$(1/t)$/min^{-1}						
V_t/cm^3						
$(V_\infty - V_t)$/cm^3						
$\ln(V_\infty - V_t)$						

2. V_∞ 的确定

(1)由公式(2-43)计算 V_∞;

(2)作 V_t-$\frac{1}{t}$ 图,外推至 $\frac{1}{t}=0$ 处,可求得 V_∞,并将此结果与计算值相比较。

3. 求 k_1

由式(2-42)可知,作 $\ln(V_\infty - V_t)$-t 图可得一直线,证明此反应是一级反应。由斜率可求出 k_1。

4. 求 k

根据 k_1 由公式 $k_1 = kc_{KI}$ 求算 k。

六、思考题

(1)只改变 H_2O_2 的初始浓度,其他条件不变,反应速率常数是否变化?为什么?

(2)都有哪些方法测定 V_∞?是否可以消去 V_∞?

(3)指出 k 的有效数字及本实验的主要误差。

(4) 反应速率常数与哪些因素有关?

实验十二　电导法测定乙酸乙酯二级反应的速率常数

一、实验目的

(1) 测定乙酸乙酯的皂化反应速率常数,了解反应活化能的测定方法。
(2) 了解二级反应的特点,学会用图解计算法求出二级反应的反应速率常数。
(3) 熟悉电导率仪的使用。

二、实验原理

乙酸乙酯皂化反应是典型的二级反应

$$CH_3COOC_2H_5 + NaOH \longrightarrow CH_3COONa + C_2H_5OH$$

$t=0$ 时	c	c	0	0
$t=t$ 时	$c-x$	$c-x$	x	x
$t\to\infty$ 时	$c\to 0$	$c\to 0$	$x\to c$	$x\to c$

t 时刻的反应速率和反应物浓度的关系为

$$\frac{dx}{dt}=k(c-x)(c-x) \tag{2-44}$$

式中,k 为反应速率常数。将上式积分可得

$$kt=\frac{x}{c(c-x)} \tag{2-45}$$

从式(2-45)中可看出,原始浓度 c 是已知的,只要测出 t 时刻的 x 值,就可算出反应速率常数 k 值。

用电导法测定 x 的依据如下:

(1) 此溶液的电导主要是强电解质 NaOH、CH_3COONa 所贡献,即 OH^-、Na^+、CH_3COO^- (水电离的 H^+ 可以忽略),在反应前后,Na^+ 浓度不变,OH^- 浓度不断减少,CH_3COO^- 浓度相应增加,而在相同条件下,OH^- 比 CH_3COO^- 的电导大得多,所以溶液的电导总趋势为下降。

(2) 在稀溶液中,每种离子的电导与其浓度成正比,而且溶液的总电导等于组成溶液的各离子的电导之和。需要说明的是:因为溶液的电导与其电导率是成正比关系,所以本实验直接用溶液电导率的测定来代替溶液电导的测定。

对于乙酸乙酯的皂化反应来说,当反应开始时,只有 Na^+ 和 OH^-,假定开始时电导率为 κ_0,即

$$t=0 \text{ 时}, \kappa_0 = A_1 c \tag{2-46}$$

当反应进行完全时(此为一种假想状态),溶液中只有 Na^+ 和 CH_3COO^-,此时电导率为 κ_∞,即

$$t=\text{"}\infty\text{"} \text{时}, \kappa_\infty = A_2 c \tag{2-47}$$

其中 A_1、A_2 为与温度、溶剂、电解质有关的常数,当反应进行到 t 时刻时,CH_3COONa 浓度为 x,NaOH 的浓度为 $c-x$,则总电导为 κ_t,即

$$t=t \text{ 时}, \kappa_t = A_2 x + A_1(c-x) \tag{2-48}$$

将式(2-46)和式(2-47)代入式(2-48)得

$$x = \frac{\kappa_0 - \kappa_t}{\kappa_0 - \kappa_\infty} \cdot c \tag{2-49}$$

将式(2-49)代入式(2-45)得

$$kt = \frac{1}{c}\left(\frac{\kappa_0 - \kappa_t}{\kappa_t - \kappa_\infty}\right) \tag{2-50}$$

整理式(2-50)得

$$\kappa_t = \frac{1}{kc}\left(\frac{\kappa_0 - \kappa_t}{t}\right) + \kappa_\infty \tag{2-51}$$

以 κ_t 对 $\frac{\kappa_0 - \kappa_t}{t}$ 作图，可得一直线，其斜率等于 $\frac{1}{kc}$，由此可求得反应速率常数 k。

一般地，反应速率常数 k 与反应温度 T 之间服从阿仑尼乌斯方程。即

$$\frac{d\ln k}{dT} = \frac{E_a}{RT^2} \tag{2-52a}$$

或

$$\ln k = -\frac{E_a}{RT} + C \tag{2-52b}$$

式中，E_a 为此反应的表观活化能；C 为积分常数。

在不同的反应温度下测定其反应速率常数 k，作 $\ln k - 1/T$ 图，应得一条直线，其斜率为 $-E_a/R$，可以算出反应的表观活化能 E_a。

三、仪器和试剂

恒温槽(或超级恒温器)1套;双管皂化池1个;电导池1个;秒表1只;电导率仪1套;电导水(或重蒸馏水)若干;20.00 cm³ 移液管3支;乙酸乙酯(A.R.);NaOH(无 Na_2CO_3、NaCl 等杂质)。

四、操作步骤

1. 了解和熟悉电导率仪的构造和使用

电导率仪的构造和使用见第三章电学测量技术部分。

2. 配制 0.0200 mol·dm⁻³ 的 NaOH 溶液和 0.0200 mol·dm⁻³ $CH_3COOC_2H_5$ 溶液

乙酸乙酯溶液配制方法:先算出 100 cm³ 0.0200 mol·dm⁻³ $CH_3COOC_2H_5$ 中溶质的质量，在 100 cm³ 的容量瓶中加入少量的电导水，准确称其质量，然后用小滴瓶滴入 10 滴乙酸乙酯，摇匀后称其质量，计算出每一滴乙酸乙酯的质量，然后算出 0.0200 mol·dm⁻³ 乙酸乙酯所需加入乙酸乙酯的滴数，用控制滴数方法加入接近所需加入乙酸乙酯的量，摇匀后称其质量，最后几滴应特别小心，为避免因最后一滴的滴入而使加入的量超过所需质量，可采用滴管口刚刚接触滴瓶中的液面而吸入液体的方法，此时吸入液体一般少于一滴，然后滴入容量瓶中，称量乙酸乙酯的量与理论计算的量不得超过 1 mg。

氢氧化钠溶液的配制:先称 NaOH 配制 0.1 mol·dm⁻³ 的 NaOH 溶液，用基准试剂标定其浓度，计算 0.0200 mol·dm⁻³ NaOH 溶液 100 cm³ 所需预先配制的 NaOH 的体积，用移液管吸

入其量加入 100cm³ 的容量瓶中，用电导水定容。

3. κ_0 的测定

吸取 20.00cm³ 0.0200 mol·dm⁻³ 的 NaOH 溶液和 20.00cm³ 蒸馏水置于干燥的电导池中，制成 0.0100 mol·dm⁻³ 的 NaOH 溶液；插入铂黑电导电极，液面应至少高出铂黑片 1cm，调节超级恒温器使水温为 20℃，使 0.0100 mol·dm⁻³ 的 NaOH 溶液恒温 10min；然后接通电导率仪，测定电导率，记录电导率数值。然后取出铂黑电极，将 0.0100 mol·dm⁻³ NaOH 溶液盖上塞子，备下一次使用。

4. κ_t 的测定

将干燥、洁净的双管皂化池（图 2-24）放在恒温槽中并夹好，用移液管量取 20.00cm³ 0.02mol·dm⁻³ 的 NaOH 溶液于 A 管，用另一支移液管量取 20.00cm³ 0.02 mol·dm⁻³ 的乙酸乙酯溶液于 B 管，塞好塞子，以防挥发。将铂黑电

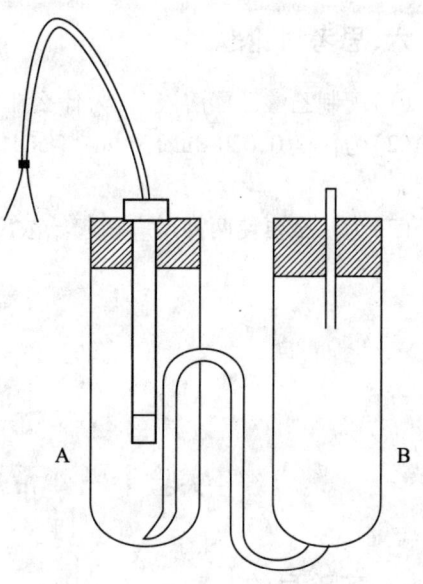

图 2-24 双管皂化池示意图

极经重蒸馏水洗后，用滤纸小心吸干电极上的水（千万不要碰到电极上的铂黑），然后将电极插入 A 管，20℃恒温 10min，打开 B 管塞子，用洗耳球通过 B 管上口将乙酸乙酯溶液迅速压入 A 管（此时 A 管不要塞紧，不要用力过猛以免溶液溅出）与 NaOH 溶液混合，当乙酸乙酯压入一半时开始记时，反复压几次即可混合均匀。开始每隔 1min 读一次数据，10min 后每隔 2min 读取一次数据。

5. 测定不同温度下的 κ_0、κ_t 值

将皂化池洗净并烘干，按 3、4 步骤分别测定 25℃、30℃、35℃、40℃的 κ_0、κ_t 之值。

实验完毕，将铂黑电极用蒸馏水洗净，并装入盛有蒸馏水的 150cm³ 广口瓶中。

五、数据记录和处理

（1）将数据记录于表 2-8 中。

表 2-8 电导法测定乙酸乙酯二级反应的速率常数实验数据记录表

实验温度/℃＿＿＿＿＿＿＿＿＿＿　　　　　　　　　　　　　　　大气压力/Pa＿＿＿＿＿＿＿＿＿＿

实验温度			K_0		
时间 t/min					
κ_t/S					
$\dfrac{(\kappa_0-\kappa_t)}{t}$/(S·min⁻¹)					

（2）作 κ_t-t 图，由 κ_t-t 图外推至 $t=0$ 处，可求得 κ_0，与实验测得的 κ_0 比较并简单讨论之。

（3）作 κ_t-$(\kappa_0-\kappa_t)/t$ 图，由直线的斜率求出相应温度下的 k 值。

(4)作 $\ln k - 1/T$ 图,由直线斜率求出反应表观活化能。

六、思考讨论题

(1)配制乙酸乙酯溶液时,为什么在容量瓶中要事先加入适量的蒸馏水?
(2)为什么 $0.020\ 0\text{mol}\cdot\text{dm}^{-3}$ NaOH 溶液稀释一倍后的电导率就可认为是 κ_0?据此怎样确定 κ_∞?
(3)为什么要使两种反应物起始浓度相等?若起始浓度不同,应如何计算 k 值?

第三节　电化学部分

实验十三　希托夫法测定离子的迁移数

一、实验目的

(1)明确离子迁移数的概念。
(2)掌握希托夫(J. W. Hittorf)法测定迁移数的原理及计算,了解银库仑计的使用。

二、实验原理

当电流通过电解质溶液时,在两极发生电极反应的同时,在溶液中相应地发生离子迁移现象,即在外电场的作用下,正离子向阴极迁移,负离子向阳极迁移,由正、负离子共同完成导电任务。

设想在两个惰性电极之间有两个假想的界面,将所讨论的电解质溶液分为阴极区、中间区和阳极区 3 个部分,每个部分含有 6mol l⁻¹ 型电解质 MA,如图 2-25(a)所示,图中每个"+"和"-"的符号分别表示 1mol 正离子和 1mol 负离子。当直流电源与两个惰性电极相连接并通过 4mol 电量时,由法拉第定律可知,应当有 4mol 正离子 M⁺ 在阴极电解得到 4mol 电子,生成的产物在阴极上析出;有 4mol 负离子 A⁻ 在阳极上放出 4mol 电子,生成的产物在阳极上析出。同时,溶液内部发生离子的定向迁移。负离子向阳极迁移与正离子向阴极迁移的效果相当,都表示在溶液内部将正电荷由阳极输送到阴极。在溶液内任一截面上通过的电量都是 4mol。

设正离子运动速率 v_+ 等于负离子运动速率 v_- 的 3 倍,即 $v_+ = 3v_-$。通电时,当 1mol 负离子 A⁻ 由左向右移向阳极的同时,就有 3mol 正离子 M⁺ 由右向左移向阴极,如图 2-25(b)所示。显然,通过溶液的总电量为正、负离子迁移电量之和。通过溶液的总电量 4mol 等于溶液中分别向两极迁移的正、负离子的物质的量之和。且

$$\frac{\text{正离子迁移的电量 } Q_+}{\text{负离子迁移的电量 } Q_-} = \frac{\text{正离子的运动速度 } v_+}{\text{负离子的运动速度 } v_-} = \frac{\text{正离子迁出阳极区的物质的量}}{\text{负离子迁出阳极区的物质的量}}$$

这样,通过 4mol 的电量以后,总的结果是阴极区内正、负离子各减少了 1mol,阳极区内正、负离子各减少了 3mol。这是因为从数量上来说,迁入阴极区的 3mol 正离子,可以全部在阴极上

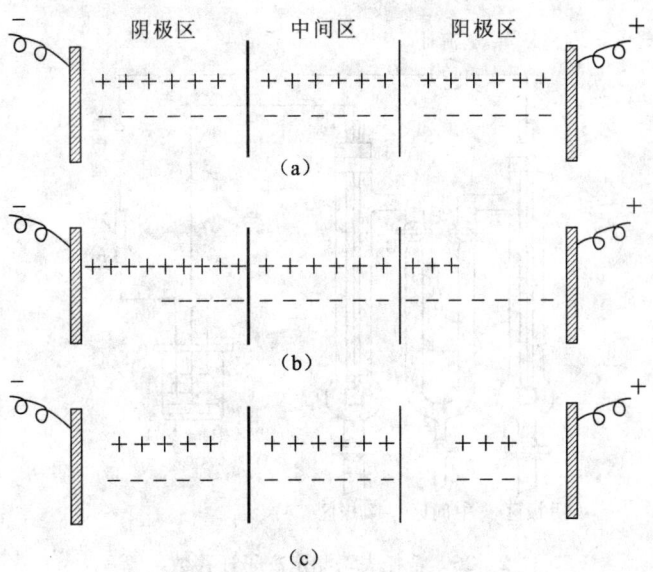

图 2-25 离子迁移数示意图

放电。而在正离子迁入阴极区的同时,有 1mol 负离子迁出阴极区,使得在阴极区净余出 1mol 正离子,这 1mol 正离子也全在阴极上放电,溶液保持电中性。因此,阴极区中电解质减少了 1mol。同样,阳极区中电解质减少了 3mol。可见,阴极区内电解质减少的物质的量,等于负离子迁出阴极区的物质的量;阳极区内电解质减少的物质的量,等于正离子迁出阳极区的物质的量。中间区正、负离子各自迁出迁入的数量相同,故电解质的数量不变,如图 2-25(c)所示。

当电流在电解质溶液中通过时,每一种离子都担负着一定的导电任务。某种离子迁移的电量与通过溶液的总电量之比称为该离子的迁移数,以符号 t 表示。若溶液中只有一种正离子和一种负离子,则可将正离子迁移数 t_+ 和负离子迁移数 t_- 分别表示如下:

$$t_+ = \frac{Q_+}{Q_+ + Q_-} \quad t_- = \frac{Q_-}{Q_+ + Q_-} \tag{2-53}$$

显然,离子迁移数是一个分数,并且 $t_+ + t_- = 1$。由式 2-53 可得出

$$t_+ = \frac{\text{正离子迁出阳极区的物质的量}}{\text{通过电解池电量的物质的量}} = \frac{\text{正离子迁出阳极区的物质的量}}{\text{电极反应的物质的量}}$$

$$t_- = \frac{\text{负离子迁出阴极区的物质的量}}{\text{通过电解池电量的物质的量}} = \frac{\text{负离子迁出阴极区的物质的量}}{\text{电极反应的物质的量}}$$

本实验用希托夫方法,测定离子迁移数的装置如图 2-26,希托夫三室迁移管将溶液分成 3 个区,实验时测定通电后阳极区(或阴极区)的浓度与中间区浓度(即代表原始浓度)相比,便可求出正离子迁出阳极区(或负离子迁出阴极区)的物质的量,但计算时要注意,阳极区(或阴极区)与中间区溶剂的质量要相同。

三、仪器和药品

希托夫三室迁移管 1 套;银库仑计 1 套;万用电源 1 台;毫安表 1 个;电阻箱 1 个;导线若干;滤纸若干;铂电极 2 支;分析天平 1 台;台式天平 1 台;电吹风 1 个;碱式滴定管 1 支;25cm³ 移液管 2 支;500cm³ 烧杯 1 个;100cm³ 烧杯 1 个;H_2SO_4 专用杯 2 个;NaOH 专用杯 2

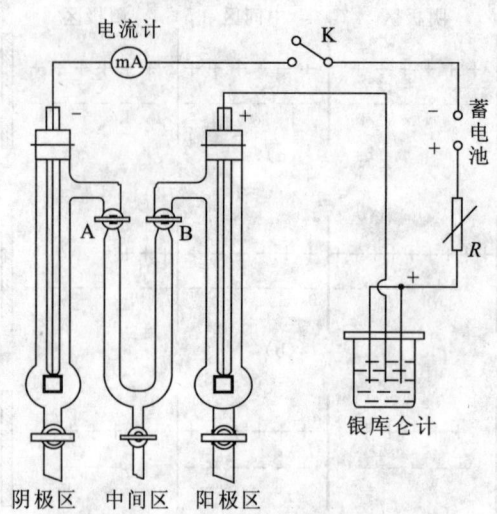

图 2-26 希托夫法测定离子迁移数装置

个；150cm³ 锥形瓶 6 个；洗瓶 1 个；0.04mol·dm⁻³ NaOH 溶液（已标定）；0.01mol·dm⁻³ H₂SO₄ 溶液；约 0.5mol·dm⁻³ AgNO₃ 溶液；1% 酚酞指示剂；无水乙醇。

四、实验步骤

(1) 将清洁干燥的银库仑计的阴极（银坩埚）先在台式天平粗称，再在分析天平上准确称重，得质量 m_1，然后盛入 3/4 的约 0.5mol·dm⁻³ AgNO₃ 溶液并装好库仑计。

(2) 用少量稀 H₂SO₄ 洗涤希托夫三室迁移管两次，然后盛入稀 H₂SO₄，切勿让气泡留在管中，迁移管活塞下端尖嘴部分残留溶液用滤纸吸干，按图 2-26 接好线路。

(3) 把电阻调至最大值，让实验指导教师检查后，通电（注意用电安全，切勿接触导线外露部分），调节电阻 R 使电流保持在 10~20mA 之间。通电 1~1.5h 后，停止通电，立即将中间区与两极连接的 A、B 旋塞关闭，使三室隔开，以免扩散。将银库仑计的阴极中的 AgNO₃ 溶液倒回试剂瓶中，用蒸馏水小心荡洗之，千万不要刷洗，以免碰掉了镀上的银，然后用乙醇荡洗一次，用电吹风干燥后，在分析天平上准确称重，得质量 m_2。

(4) 将阳极区溶液放入已知质量干燥的 500cm³ 烧杯中称重，中间区溶液放入另一干燥的 100cm³ 烧杯中。

(5) 吸取 25cm³ 通电后的阳极区溶液 2~3 份放入已知质量干燥的 150cm³ 锥形瓶中，再称重，分别记下各瓶溶液的质量。然后分别加入 2 滴酚酞指示剂，用已知浓度的 NaOH 溶液滴定至浅红色数分钟内不褪色为止，记下消耗 NaOH 的体积。计算其浓度。

(6) 取 25cm³ 原始溶液置于已知质量干燥的 150cm³ 锥形瓶中称重，然后如上法用 NaOH 溶液滴定，计算其浓度。

(7) 取 25cm³ 中间区溶液，以同样的方法计算其浓度，并与原始溶液比较。若浓度有显著差别，需重做实验。

(8) 把剩余的稀 H₂SO₄ 溶液回收，拆除线路，把所用仪器洗净，放好。

五、数据处理

(1) 由银库仑计中阴极银质量增加计算总电量 Q。其公式为 $Q = \dfrac{m_1 - m_2}{M} F$。

式中,M 为 Ag 的摩尔质量;F 为法拉第常数。

(2) 由阳极区或阴极区 H_2SO_4 溶液的质量及分析结果,计算出阳极区的 H^+ 的物质的量及溶剂质量或阴极区的 SO_4^{2-} 的物质的量及溶剂质量。

(3) 由原始溶液的质量和浓度,计算出与阳极区同等质量溶剂相当的 H^+ 物质的量或与阴极区同等质量溶剂相当的 SO_4^{2-} 物质的量。

(4) 计算 H^+ 和 SO_4^{2-} 的迁移数。

实验十四 交流电桥法测定电解质溶液的电导

一、实验目的

(1) 了解溶液电导的基本概念。
(2) 掌握电桥法测量溶液电导的基本原理、方法和技术。
(3) 测定电解质溶液的摩尔电导率,并计算弱电解质的解离平衡常数。

二、实验原理

电解质溶液是第二类导体,它通过正负离子的迁移传递电流,导电能力直接与离子的运动速率有关。导电能力用电导 G 或者电阻 R 来度量,它们之间的关系为

$$G = \frac{1}{R} = \kappa \cdot \frac{A}{l} \tag{2-54}$$

$$\kappa = G \cdot \frac{l}{A} = K_{\text{cell}} \cdot G \tag{2-55}$$

式中,A 为电极的面积(m^2);l 是两电极间的距离(m),$l/A = K_{\text{cell}}$,称为电导池常数(对给定的电导池为常数);κ 为电导率,其单位为 $\text{S} \cdot \text{m}^{-1}$。若将已知电导率 κ 的电解质溶液注入电导池中,通过其电阻 R 的测定即可求得电导池常数 K_{cell},确定 K_{cell} 后,应用同一个电导池,就可通过电阻的测量求得其他电解质溶液的电导率 κ。

研究电解质溶液电导时,常用摩尔电导率 Λ_m 这个量,Λ_m 与电导率 κ 和浓度 c 的关系为

$$\Lambda_m = \frac{\kappa}{c} \tag{2-56}$$

弱电解质的解离度与摩尔电导率的关系为

$$\alpha = \frac{\Lambda_m}{\Lambda_m^\infty} \tag{2-57}$$

式中,Λ_m^∞ 为极限摩尔电导率。对 AB 型弱电解质,其解离平衡常数 $K_c^\ominus$ 与浓度和解离度的关系为

$$K_c^\ominus = \frac{\alpha^2}{1-\alpha} \cdot \frac{c}{c^\ominus} \tag{2-58}$$

将式(2-57)代入式(2-58),得

$$K_c^{\ominus} = \frac{(\Lambda_m/\Lambda_m^{\infty})^2}{1-(\Lambda_m/\Lambda_m^{\infty})} \cdot \frac{c}{c^{\ominus}} = \frac{\Lambda_m^2}{\Lambda_m^{\infty}(\Lambda_m^{\infty}-\Lambda_m)} \cdot \frac{c}{c^{\ominus}} \tag{2-59}$$

或写成

$$\frac{1}{\Lambda_m} = \frac{\Lambda_m}{K_c^{\ominus} \cdot (\Lambda_m^{\infty})^2} \cdot \frac{c}{c^{\ominus}} + \frac{1}{\Lambda_m^{\infty}} \tag{2-60}$$

测定不同浓度的 Λ_m,以 $\frac{1}{\Lambda_m}$ 对 $\Lambda_m \cdot \frac{c}{c^{\ominus}}$ 作图应为一直线,由直线的斜率可求得 $K_c^{\ominus}$。

溶液电阻或电导的测量采用交流电桥法,它的原理如图2-27所示。R_1、R_2、R_3 均可直接从仪器上读出,由此可计算出电导 G。

三、仪器与试剂

滑线式变阻器1个;可变电阻箱2台;示波器1台;信号发生器1台;电导池1个;铂黑电导电极1个;$25cm^3$ 移液管3支;$0.01mol \cdot dm^{-3}$ KCl 溶液;$0.1mol \cdot dm^{-3}$ HAc 溶液;重蒸馏水若干。

四、实验步骤

1. 熟悉电桥结构及原理

为避免通电时化学反应和极化现象的发生,测量溶液电导时使用交流电桥(图2-27)。图中 S 为高频(1000Hz/s)交流电源,AB 为一均匀且带有刻度的滑线电阻(设全长100cm),G 为示零器(示波器或耳机),R_3 为可变电阻,R_x 为电导池电阻。调节电阻 R_3 或移动接触点 D,使 CD 两点间电位差等于零,此时 CD 间没有电流通过。所以

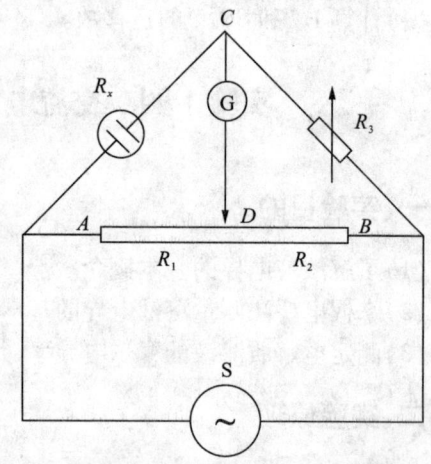

图2-27 交流电桥原理示意图

$$\frac{R_2}{R_1} = \frac{R_3}{R_x} \tag{2-61}$$

$$G = \frac{1}{R_x} = \frac{R_2}{R_1 R_3} \tag{2-62}$$

2. 调节恒温槽温度

调节恒温槽温度为 (25.0 ± 0.1)℃。

3. 电导池常数的测定

用重蒸馏水淌洗铂黑电导电极,并用滤纸擦尽铂黑电导电极表面的水,切勿碰触铂黑,且电极要轻拿轻放,以便备用。

用 $25cm^3$ 移液管准确吸取 $0.01\ mol \cdot dm^{-3}$ KCl 溶液 $50cm^3$ 注入干燥洁净的电导池中,放入电极后恒温 $10min$,根据图2-27接好电桥线路,调节各电阻值达平衡,测定溶液电阻。(注意高纯度水放入容器后应迅速测量,否则由于空气中 CO_2 溶入易使电导率发生变化)。

4. HAc 溶液电导的测定

用 $25cm^3$ 移液管吸取 $0.1mol \cdot dm^{-3}$ HAc 溶液 $50cm^3$ 注入电导池中,放入电极后恒温 $10min$,用电桥测定溶液电阻,测定完毕,用 $25\ cm^3$ 移液管从电导池中吸出 $25\ cm^3$ 溶液弃去,用

另一支移液管吸取 25cm³ 重蒸馏水注入电导池中混合均匀,测其电阻,按此方法稀释4次并分别测定其电阻 R_x。

实验完毕,切断电源,洗净电导池并将铂黑电极浸泡在蒸馏水中。

五、数据处理

(1)将数据记录于表 2-9 中。

表 2-9 交流电桥法测定电解质溶液电导实验数据记录表

实验温度/℃_____ 大气压力/Pa_____

$c_{HAc}/(mol \cdot dm^{-3})$	次数	R_{HAc}/Ω	$\kappa/(S \cdot m^{-1})$	$\Lambda_m/(S \cdot m^2 \cdot mol^{-1})$	α	$K_c^\ominus$
R_{KCl}/Ω						
K_{cell}/m^{-1}						
c	1					
$\frac{c}{2}$	2					
$\frac{c}{4}$	3					
$\frac{c}{8}$	4					
$\frac{c}{16}$	5					

(2)已知 0.01 mol·dm⁻³ KCl 标准溶液在 25℃ 时电导率为 0.141 14 S·m⁻¹,求出电导池常数。

(3)计算 KCl、HAc 溶液在不同浓度时的摩尔电导率 Λ_m。

(4)计算 HAc 在不同浓度时解离平衡常数 $K_c^\ominus$:已知 HAc 在 25℃ 时 Λ_m^∞ = 0.039 07 S·m²·mol⁻¹,计算 HAc 在不同浓度时的解离度 α,再计算出解离平衡常数 $K_c^\ominus$ 值。

(5)以 $\frac{1}{\Lambda_m}$—$\Lambda_m \cdot \frac{c}{c^\ominus}$ 作图得到一直线,根据直线的斜率 $\frac{1}{K_c^\ominus(\Lambda_m^\infty)^2}$ 和直线的截距 $\frac{1}{\Lambda_m^\infty}$ 可求得 $K_c^\ominus$,并与计算值相比较。

六、思考题

(1)为什么要测电导池常数?如何测定?
(2)为什么电桥选用交流电,而不采用直流电?
(3)铂电极镀铂黑的目的是什么?
(4)溶液的电导率、摩尔电导率与浓度的关系如何?
(5)交流电桥的平衡条件是什么?

实验十五 电动势法测定化学反应的热力学函数

一、实验目的

(1)测定 Cu-Zn 电池的电动势。

(2)了解可逆电池、可逆电极、盐桥等概念。

(3)学会一些电极的制备和处理方法。

(4)掌握电位差计的测量原理和使用方法。

二、实验原理

电池除了可作电源外,还可用来研究构成此电池的化学反应的热力学性质。如果某原电池内进行的化学反应是可逆的,且此电池在可逆的条件下工作,则此电池的电池反应在定温定压下的摩尔吉布斯函数变 $\Delta_r G_m$、摩尔熵变 $\Delta_r S_m$、摩尔反应焓变 $\Delta_r H_m$ 及反应热效应 $Q_{r,m}$ 分别为

$$\Delta_r G_m = -zFE \tag{2-63}$$

$$\Delta_r S_m = -zF(\partial E/\partial T)_p \tag{2-64}$$

$$\Delta_r H_m = -zFE + zFT(\partial E/\partial T)_p \tag{2-65}$$

$$Q_{r,m} = zFT(\partial E/\partial T)_p \tag{2-66}$$

式中,z 为电池反应中的电子转移数;F 为法拉第常数;E 为电池电动势。

在定压下,测定不同温度下的电池电动势 E,以电动势 E 对温度 T 作图,从曲线的斜率可以求得任一温度下的温度系数 $(\partial E/\partial T)_p$,由上述公式就可算出热力学函数的改变量。

可逆电池的电动势数据可用于热力学计算。可逆电池电动势的测量条件除了电池反应可逆和传质可逆外,还要求在测量回路中电流趋近于零。测定可逆电池电动势不能用伏特计。因为电池与伏特计相接后会有电流通过,电池中电极被极化,电解液组成也会发生变化。所以伏特计只能测得电池电极间的电势降,而不是平衡时的电动势。利用对消法可在测量回路中电流趋于零的条件下进行测量,所测得的结果即为可逆电池的电动势。对消法测定电路如图 2-28 所示。$acBa$ 回路由工作电源、可变电阻和电位差计组成。工作电源的输出电压必须大于待测电池的电动势。调节可变电阻使流过回路的电流为某一定值,在电位差计的滑线电阻上产生确定的电势降,其数值由已知电动势的标准电池 E_S 校准。另一回路 $abGE_xa$ 由待测电池 E_x、检流计 G 和电位差计组成。移动滑动接触点 b,当回路中无电流通过时,电池的电动势等于 a、b 两点的电势差。对消法测电动势是一个接近热力学可逆过程的例子。为了尽可能减小电池中溶液接界处因扩散产生的非平衡液接电势,两电极间用盐桥连通。电池由正、负两极组成,电池在放电过程中,正极起还原反应,负极起氧化反应,电池内部还可能发生其他变化

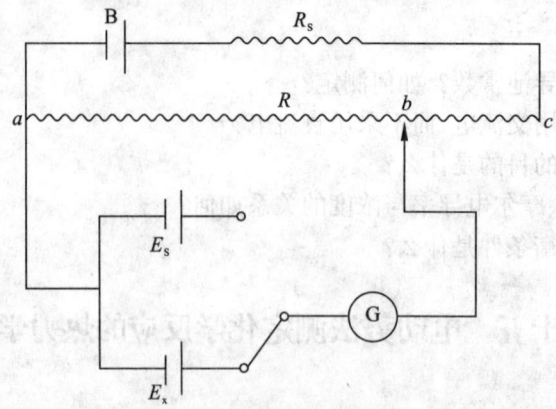

图 2-28 对消法原理线路图

R_S. 已知电阻;B. 工作电源;R. 可变电阻;E_S. 标准电池;E_x. 待测电池;G. 检流计;b. 移动滑动接触点

(如发生离子迁移),电池反应是电池中所有变化的总和。

本实验化学反应方程式为

$$Zn + CuSO_4 \rightleftharpoons Cu + ZnSO_4$$

三、仪器与试剂

SDC-Ⅲ数字电位差综合测试仪 1 台;铜、锌电极;超级恒温水浴 1 台;小烧杯;金相砂纸;原电池装置 1 个;饱和 KCl 溶液;$0.100 mol \cdot dm^{-3} ZnSO_4$ 溶液;$0.100 mol \cdot dm^{-3} CuSO_4$ 溶液。

四、实验步骤

1. 电极处理

用细砂纸轻轻地把电极擦亮,用蒸馏水洗净后,用滤纸擦干。(若作精确测定,则对锌电极要进行汞齐化处理,铜电极要进行电镀处理)。

2. 铜锌原电池的组装

按图 2-29 组装好铜、锌原电池并置于超级恒温水浴中。组装电池时要特别注意电池导液管中不能有气泡。

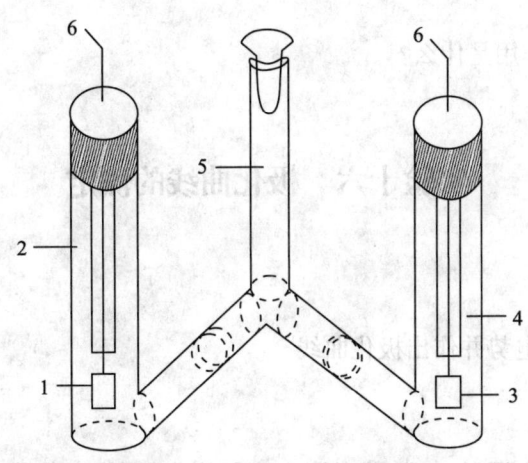

图 2-29　Zn-Cu 原电池装置示意图

1. Zn 电极;2. $ZnSO_4$ 溶液(c_1);3. Cu 电极;4. $CuSO_4$ 溶液(c_2);5. 饱和 KCl 溶液;6. 导线

3. 电池电动势的测量

调节超级恒温水浴温度为 18℃,恒温 10min 后,用 SDC-Ⅲ数字电位差综合测试仪测定 18℃时原电池的电动势 E,在恒压条件下每间隔 5℃测定电池电动势,共测定 6 个不同温度,每次测定都要准确记录其实验温度以及相应的电动势值(SDC-Ⅲ数字电位差综合测试仪的使用方法见第三章电学测量技术)。

五、数据处理

(1)将数据记录在表 2-10 中。

表 2-10　电动势法测定化学反应的热力学函数实验数据记录表

室温/℃_____　　　　　　　　　　　　　　　　　　　大气压/Pa_____

编号	1	2	3	4	5	6
实验温度(T/K)						
电动势(E/V)						

(2)以电动势 E 为纵坐标,绝对温度 T 为横坐标,作出 $E-T$ 关系图。

(3)由 $E-T$ 图上的曲线斜率求 298K 时电动势的温度系数$\left(\frac{\partial E}{\partial T}\right)_p$,求 298K 时该反应的热力学函数的改变值 $\Delta_r G_m$、$\Delta_r H_m$、$\Delta_r S_m$ 及反应热效应 $Q_{r,m}$。

(4)将实验值与理论值进行比较。

六、思考题

(1)为什么用本实验方法测定电池反应的热力学函数改变值时,原电池内进行的化学反应必须是可逆的?

(2)实验中盐桥的作用是什么?

实验十六　极化曲线的测定

一、实验目的

测定电解时的电极电势并作出极化曲线。

二、实验原理

当电解池中有直流电通过时,随着电流密度的增加,阴极电势将偏离平衡电势而变得更负,阳极电势将偏离其电势变得更正,这种现象称为"极化"。本实验分别测定不同电流密度下的阴极电势和阳极电势,并作出电极电势和电动势与电流密度的关系曲线,以对极化曲线有初步了解。

三、仪器与试剂

电位差计或数字电压表 1 台;直流稳压电源 1 台;0~50mA 电流表 1 个;0~100kΩ 电阻箱 1 个;H 型电解池 1 套(带细管盐桥);铂电极 2 支;甘汞电极 1 支;$1mol \cdot dm^{-3} CuSO_4$ 溶液;$1mol \cdot dm^{-3} H_2SO_4$ 溶液;饱和 KCl 溶液。

四、操作步骤

1. 分别测定 H_2SO_4 和 $CuSO_4$ 的分解电压

将 H_2SO_4 注入 H 型电解池中,插入铂电极,按图 2-30 所示将两电极与直流稳压电源、电流表和电阻箱连接,根据表 2-11 所示调节电压,读取 H_2SO_4 溶液的电流数值,确定其分解电压。(注意:实验中接着做 2 和 3 步骤)

$CuSO_4$ 分解电压的测定步骤与上相同。

表 2-11　分解电压的测定

U/V	0.2	0.4	0.6	0.8	1.0	1.2	1.4	1.6	1.8	2.0	2.2	2.4	2.6	2.8	3.0	…
$I(H_2SO_4)/mA$																
$I(CuSO_4)/mA$																

2. 阴极电极电势的测定

测定 H_2SO_4 的分解电压后,如图 2-30 所示,在研究电极与参比电极之间连接数字电压表,完成测定线路装置,逐步调节稳压电源电压及电阻箱,使通过电解池的电流强度分别为表 2-12 所示数值,从电压表上读取以饱和甘汞电极为参比时的对应阴极电势的读数。

3. 阳极电极电势的测定

将图 2-30 中的数字电压表与阴极接线点 a 移至阳极接线点 b,再将毛细管盐桥移至与阳极表面紧密接触,按上述方法分别测定在不同电流数值下的阳极电势读数(表 2-13)。

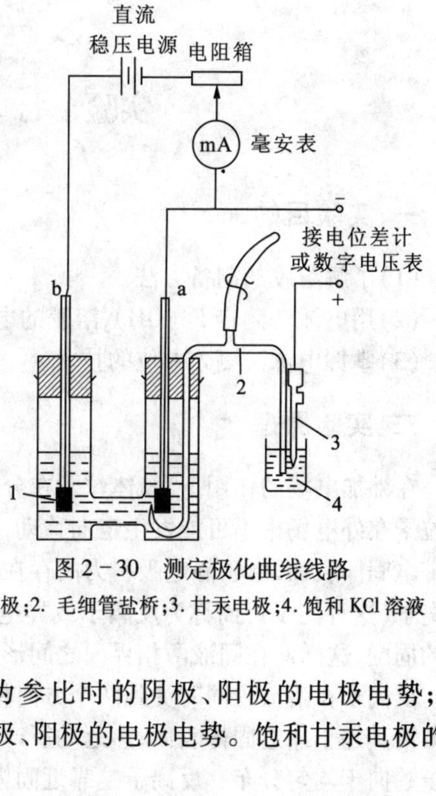

五、数据处理

(1)按表 2-11、表 2-12、表 2-13 中数据测定并记录。

图 2-30　测定极化曲线线路
1. 铂电极;2. 毛细管盐桥;3. 甘汞电极;4. 饱和 KCl 溶液

表中, $\varphi_-(SCE)$、$\varphi_+(SCE)$ 表示以甘汞电极为参比时的阴极、阳极的电极电势;$\varphi_-(SHE)$、$\varphi_+(SHE)$ 表示以标准氢电极为参比时的阴极、阳极的电极电势。饱和甘汞电极的电极电势与温度的关系如下:

$$\varphi(SCE) = 0.2415 - 0.0007(t-25)$$

式中,t 为温度(℃)。

(2)作分解电压图并标出分解电压值。

(3)作 $I-E$(电解池电动势)图。

表 2-12　不同电流时的阴极电势

	I/mA	1.0	2.0	5.0	10.0	20.0	40.0	60.0	80.0	100.0
H_2SO_4	$\varphi_-(SCE)/V$									
	$\varphi_-(SHE)/V$									
$CuSO_4$	$\varphi_-(SCE)/V$									
	$\varphi_-(SHE)/V$									

表2-13 不同电流时的阳极电势

	I/mA	2.0	5.0	10.0	20.0	50.0	80.0	100.0	120.0	150.0	200.0
H_2SO_4	φ_+(SCE)/V										
	φ_+(SHE)/V										
$CuSO_4$	φ_+(SCE)/V										
	φ_+(SHE)/V										

第四节 表面与胶体部分

实验十七 溶胶的制备与电泳

一、实验目的

（1）了解溶胶的制备方法。
（2）用电泳法测定 $Fe(OH)_3$ 溶胶的电泳速率及其 ζ 电位，从而确定胶粒所带电荷的符号。
（3）掌握电泳法测 ζ 电位的技术。

二、实验原理

在外加电场的作用下，胶体粒子在分散介质中向某一电极定向移动的现象，称为电泳。中性粒子在外电场中不可能发生定向移动，所以电泳现象说明胶体粒子是带电的。处在溶液中的带电固体表面，由于静电吸引力的存在，它必然要吸引等电量的、与固体表面带有相反电荷的离子（这种离子可简称为反离子或异电离子）环绕在固体粒子的周围，这样便在固液两相界面之间形成双电层。

反离子在溶液中同时受到两个方向相反力的作用：静电吸引力使其趋于靠近固体表面；热运动所产生的扩散作用又使反离子趋向于均匀分布。反离子越靠近固体表面浓度越大，随着与固体表面距离的增大，反离子浓度由大变小。

如图 2-31 所示，以 MN 代表胶粒表面。设此表面吸附负离子，正离子扩散分布在胶核周围。带电表面及这些反离子构成的双电层，称为扩散双电层，其厚度 d 随溶液中离子的浓度和离子价数的不同而不同。

φ_0 是固体表面与溶液本体之间的电势差，即热力学电势。胶粒在电场作用下与介质发生相对移动，此分界面不在固液面 MN 处，而是有一液体牢固地附在固体表面，随表面运动，一旦固液两相发生相对移动，滑动面便呈现出来。测定电泳速率算出的就是滑动面与溶液本体之间的电势差，称为电动电势或 ζ 电势。

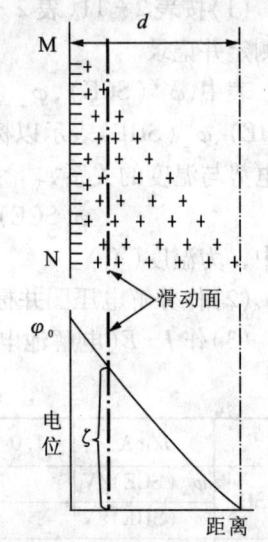

图 2-31 扩散层中离子的分布和电位随距离的变化

由于滑动面内的反离子部分抵消了固体表面的电荷,故 ζ 电势在数值上小于热力学电势,若介质中反离子浓度加大,将压缩扩散层使其变薄,把更多的反离子挤进滑动面内,使 ζ 电势变小,当 ζ 电势为零时,称为等电态,此时胶粒不带电,电泳、电渗的速率为零。

根据电泳时胶粒的运动方向可判断胶粒所带电性。ζ 电势的大小由电泳(或电渗)速率算出。在外加电场作用下,若分散介质对分散相发生相对移动,称为电渗。

$$\zeta = \frac{4\pi\eta u}{E\varepsilon}$$

式中,E 为电势梯度($V \cdot m^{-1}$),$E = H/l$,其中,H 为外加电场的电压(V),l 为两极间的距离(m);η 为分散介质的黏度($Pa \cdot s$);u 为电泳速率($m \cdot s^{-1}$);ε 为分散介质的介电常数($F \cdot m^{-1}$),$\varepsilon = \varepsilon_r \cdot \varepsilon_0$,其中,$\varepsilon_r$ 为分散介质的相对介电常数,ε_0 为真空介电常数,$\varepsilon_0 = 8.854 \times 10^{-12}$ $F \cdot m^{-1}$($1F = 1C \cdot V^{-1} = 1A \cdot s \cdot V^{-1}$)。当 η、ε、H、l 都是已知常数时,只要用电泳法测定 u,ζ 电势即可求出。

本实验中,测定电泳测定管中胶体溶液界面在 $t(s)$ 内移动的距离 $d(m)$,求得电泳速率 $u = d/t$。

三、仪器与试剂

电泳仪 1 套;电导仪 1 台;铂电极 2 支;电炉 1 只;秒表 1 只;锥形瓶($100cm^3$)1 个;量筒($100cm^3$)1 个;移液管($2cm^3$)1 支;烧杯 $1~000cm^3$、$250cm^3$、$100cm^3$ 各 1 个;HCl 溶液(约 $0.000~1mol \cdot dm^{-3}$);$FeCl_3$ 溶液(10%);火棉胶溶液(5%,溶剂是乙醇与乙醚,体积比为 1∶3)。

四、实验步骤

1. 渗析膜的制备

取 $100cm^3$ 锥形瓶,洗净烘干后,倒入约 $10cm^3$ 5% 火棉胶液(注意:它是硝化纤维素的乙醇乙醚的混合溶液,要远离火焰!),倾出多余的火棉胶液于回收瓶中,把瓶子倒置在铁圈上,让剩余的火棉胶流尽,并使乙醚挥发完(可借助电吹风以冷风吹)。用手指轻轻接触火棉胶膜而不粘手时,在瓶内加满蒸馏水溶去剩余的乙醇。约 3min 后,倒去瓶内的水,再在瓶口剥开一部分膜,在膜与瓶壁之间注入蒸馏水,膜就会脱离瓶壁。轻轻取出火棉胶袋。将袋盛满蒸馏水,检查是否漏水。然后泡入蒸馏水中备用。也可用简便的玻璃纸代替火棉胶蒙在广口瓶口上,进行渗析。

2. 水解法制备 $Fe(OH)_3$ 水溶胶

在 $250cm^3$ 烧杯中加入 $100cm^3$ 蒸馏水,加热至沸腾,用移液管将 $2cm^3$ 10% $FeCl_3$ 溶液边搅拌边一滴滴地加到水中,再煮沸 3min,看到红棕色溶胶生成,冷却待用。

3. 溶胶的渗析

把 $Fe(OH)_3$ 溶胶倒入火棉胶袋中,扎好口袋,将其悬在装满蒸馏水的 $1~000cm^3$ 大烧杯中,水温保持在 60~70℃之间进行热渗析。半小时换一次水,直至用 $AgNO_3$ 溶液检查蒸馏水中无 Cl^{-1} 时,渗析结束。

4. 制备电导率与 $Fe(OH)_3$ 胶相同的 HCl 溶液

用电导率器测定 $Fe(OH)_3$ 溶胶的电导率。取 $50cm^3$ 稀盐酸放入 $150cm^3$ 的烧杯中,然后用吸管吸取蒸馏水滴入稀盐酸中,测定稀盐酸的电导率。稀盐酸中不断滴入蒸馏水并测定电导率,直至其电导率与 Fe(OH)$_3$ 溶胶的电导率相同为止,作测定辅助液用。

5. 电泳速率的测定

(1)如图2-32所示,把电泳仪的两个大活塞打开,在活塞下部的"U"形管中充满 Fe(OH)$_3$ 溶胶。应注意:管内不能停留有气泡。溶胶装好后关上大活塞,将活塞上方多余的溶胶倒掉,并按顺序用蒸馏水、稀 HCl 洗涤 2~3 次。在活塞上方及支管中充满稀 HCl 溶液。固定好电泳仪,在弯管处插入铂电极,电极的位置要固定。

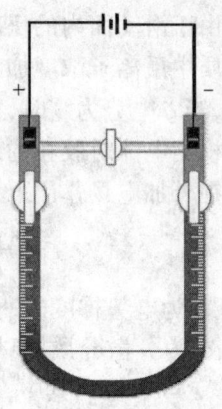

图2-32 电泳仪示意图

(2)打开电泳仪横梁上的小活塞,使两臂液面达到同一水平,然后关上小活塞。接好线路,轻轻打开两只大活塞,注意维持界面清晰,记下两臂界面的位置。

(3)通电(注意用电安全,切勿接触导线外露部分),开始实验。电压为 100~150V,保持电压稳定,通电时打开秒表记时,记下半小时后两臂界面移动的位置 d,算出电泳速率 u,并观察界面移动的方向,判断胶粒所带电荷的符号。切断电源。

(4)量出两电极间的准确距离。

(5)重复上述操作数次。

五、数据处理

测定电泳速率 u,求出 ζ 电势,确定胶粒所带的电荷。

实验十八 最大气泡法测定溶液的表面张力

一、实验目的

(1)测定不同浓度乙醇水溶液的表面张力,计算吸附量。
(2)了解气液界面的吸附作用。
(3)掌握最大气泡法测定表面张力的原理和技术。

二、实验原理

从热力学观点来看,液体表面缩小是使系统总的 Gibbs 自由能减少的过程,是自发过程。如欲使液体产生新的表面 dA,就需对其作功,其大小应与 dA 成正比:

$$\delta W' = \gamma dA \tag{2-67}$$

式中,γ 是比例常数,它在数值上等于当 T、p 及组成恒定的条件下,增加单位表面积时所必须对系统做的可逆非膨胀功,亦可将 γ 看作沿着与液体表面相切的方向垂直作用于液体表面任意单位长度边界线上,使液体表面收缩的力,通常称为表面张力,它是液体的重要特征之一。

对于溶液来说,溶液的表面张力和表面层的组成有着密切的关系。根据能量最低原理,溶质能降低溶剂的表面张力时,表面层中溶质的浓度比溶液内部的大;反之,若溶质使溶剂的表面张力升高时,它在表面层中的浓度比在溶液内部的浓度低。这种表面浓度与溶液内部浓度不同的现象叫做溶液的表面吸附。在指定的温度和压力下,溶质的吸附量与溶液的表面张力及溶液的浓度之间的定量关系,遵守 Gibbs 吸附等温式:

$$\Gamma = -\frac{c/c^{\ominus}}{RT} \cdot \frac{\mathrm{d}\gamma}{\mathrm{d}(c/c^{\ominus})} \tag{2-68}$$

式中,Γ 为气液界面上的吸附量;γ 为溶液的表面张力;c 为吸附作用达到平衡时溶质在溶液本体中的浓度;T 为绝对温度;R 为摩尔气体常数。

当 $\frac{\mathrm{d}\gamma}{\mathrm{d}(c/c^{\ominus})} < 0$ 时,$\Gamma > 0$,即溶液的表面张力随着溶液浓度的增加而下降,吸附量 Γ 为正值,此时溶质在溶液表面层的浓度大于溶液本体中的浓度,称为正吸附;反之,若 $\frac{\mathrm{d}\gamma}{\mathrm{d}(c/c^{\ominus})} > 0$,$\Gamma < 0$,即溶液的表面张力随着溶液浓度的增加而增加,吸附量 Γ 为负值,此时溶质在溶液表面层的浓度小于溶液本体中的浓度,称为负吸附。Gibbs 吸附等温式应用范围很广,但上述形式只适用于稀溶液。

能使液体表面张力降低的物质,称为表面活性物质。从分子结构的观点来看,表面活性物质的分子中都含有亲水性的极性基团和疏水性的非极性基团。在水溶液表面,极性部分指向溶液内部,非极性部分则指向空气。表面活性剂分子在溶液表面的排列状况,随其浓度不同而异,如图 2-33 所示。

随着在液体界面上排列的表面活性物质分子的增多,相应溶液的表面张力也就逐渐减小。通过实验测定不同浓度的溶液的表面张力 γ,绘制 $\gamma = f(c)$ 等温曲线,如图 2-34 所示。当溶液浓度较小时,γ 随 c 的增大而迅速下降。溶液浓度继续增大,溶液表面张力随浓度的变化渐稳平缓。当浓度增大到某一值后,溶液的表面张力几乎不随浓度的增加而改变。以不同的浓度对其相应的 Γ 可作出曲线,$\Gamma = f(c)$ 称为吸附等温线。为了求得在不同浓度下的吸附量,可以利用图解法进行计算,如图 2-34 所示。

$$Z = -\frac{c}{c^{\ominus}} \cdot \frac{\mathrm{d}\gamma}{\mathrm{d}(c/c^{\ominus})} \tag{2-69}$$

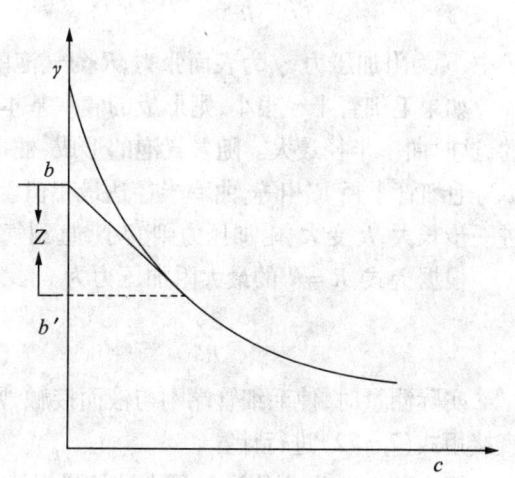

图 2-33 被吸附的分子在界面上的排列图　　图 2-34 表面张力与浓度的关系图

$$\Gamma = -\frac{c/c^{\ominus}}{RT} \cdot \frac{\mathrm{d}\gamma}{\mathrm{d}(c/c^{\ominus})} = \frac{Z}{RT} \tag{2-70}$$

本实验用最大气泡压力法测定不同浓度乙醇水溶液的表面张力。如果浓度已知,根据 Gibbs 吸附等温式,通过图解法即可求得吸附量。图 2-35 为表面张力仪示意图,其玻璃管中 E 下端有一段直径为 0.2~0.5mm 的毛细管,C 为数显压力计,内盛比重较小的水或酒精等,作为工作介质测定微压差。

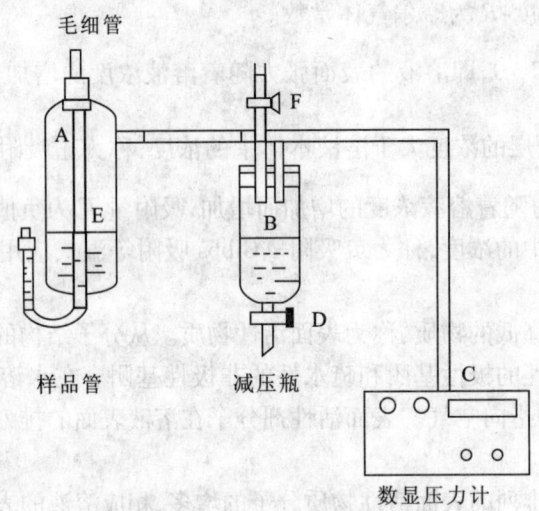

图 2-35 表面张力实验装置示意图

将待测表面张力的液体装于表面张力仪中,使 E 管的端面与液面相切,液面即沿毛细管上升,打开抽气瓶的活塞 D 缓慢抽气,毛细管内液面上受到一个比 A 瓶中液面上大的压力。当此压力差即附加压力 p_s 在毛细管端面产生的作用力稍大于毛细管口液体的表面张力时,气泡就从毛细管口脱出,此附加压力与表面张力成正比,与气泡的曲率半径成反比,其关系为

$$p_s = \frac{2\gamma}{R} \tag{2-71}$$

式中,p_s 为附加压力;γ 为表面张力;R 为气泡的曲率半径。

如果毛细管半径很小,则形成的气泡基本上是球形的。当气泡开始形成时,表面几乎是平的,这时曲率半径最大。随着气泡的形成,曲率半径逐渐变小,直到形成半球形,这时曲率半径 R 与毛细管半径 R' 相等,曲率半径达最小值。根据式(2-71),这时附加压力达最大值。气泡进一步长大,R 变大,附加压力则变小,直到气泡逸出。

根据上式,$R = R'$ 的最大附加压力为

$$p_{s,\max} = \frac{2\gamma}{R'} \tag{2-72}$$

实际测量时,使毛细管端刚与液面接触,则可忽略气泡鼓泡所需克服的静压力,这样就可直接用式(2-72)进行计算。

压力差 $p_{s,\max}$ 可以用数显压力计的最大读数 Δh 来表示。当用密度为 ρ 的液体作压力计介质时,测得与 $p_{s,\max}$ 相应的最大压力差为 Δh,则

※ 第二章 实 验

$$p_{s,\max} = \frac{2\gamma}{R'} = \rho \cdot g \cdot \Delta h \tag{2-73}$$

$$\gamma = \frac{R'}{2} \cdot \rho \cdot g \cdot \Delta h = K \cdot \Delta h \tag{2-74}$$

式中，K 为仪器常数，对同一支毛细管是常数，可用已知表面张力的标准物质测得。

三、仪器与药品

最大气泡法表面张力仪 1 套；洗耳球 1 个；$50cm^3$、$250cm^3$、$500cm^3$ 烧杯各 1 个；阿贝折射仪 1 台；精密数显压力计（微差压）1 台；6%、10%、15%、20%、30%、50%、80% 乙醇水溶液。

四、实验步骤

1. 仪器准备和检漏

将表面张力仪容器和毛细管先用洗液洗净，再依次用自来水和蒸馏水漂洗，烘干后按图 2-35 安装好。

将一定量的自来水注入减压瓶中，在 A 管中用滴管注入 $20cm^3$ 蒸馏水。调节液面，使之恰好与细口管尖端相切，调节减压瓶上的活塞 F 使其通大气，同时调节好精密数显压力计（单位：mmH_2O，调节"采零"按钮，使精密数显压力计读数为零），然后关闭活塞 F，再开启活塞 D，这时减压瓶 B 中水面下降，使系统内压力降低（实际上等于对系统抽气）。当精密数显压力计 C 读数稳定时，关闭活塞 D。若两三分钟内压力计读数不变，则说明系统不漏气，可以进行实验。

2. 仪器常数 K 的测定

打开活塞 D，对系统减压，调节水流速率，使气泡由毛细管尖端成单泡逸出，且每个气泡形成的时间不能少于 5~10s，否则吸附平衡就来不及在气泡表面建立起来，因而测得的表面张力也就不能反映该浓度下真正的表面张力值。在气泡刚脱离管端的一瞬间，精密数显压力计读数达到最大值。记录精密数显压力计最大读数，连续读取 3 次，求其平均值（数据记录在表 2-14 中）。

由附表 B-2 中查出实验温度下水的表面张力 $\gamma_水$，则仪器常数 K 为

$$K = \frac{\gamma_水}{\Delta h_{\max}}$$

3. 表面张力随溶液浓度变化的测定

在上述系统中，用滴管移入 6% 乙醇，用洗耳球打气数次（注意：打气时务必使系统成为敞开系统，否则压力计中的液体将会被吹出）使溶液浓度均匀。然后调节液面与毛细管端相切。用测定仪器常数的方法测定精密数显压力计的最大压力差，连续读取 3 次，求其平均值。测量完毕后，用滴管取出表面张力仪中一定量的溶液用阿贝折射仪测其折射率，并根据标准曲线查出其相应的组成。然后依次加入 10%、15%、20%、30%、50%、80% 乙醇水溶液。每加一次，测得一个压力差 $\Delta h_{\max}$，测得一系列数据 Δh_1、Δh_2 ⋯。乙醇的量一直加到饱和为止，这时压力计的读数几乎不再随乙醇的加入而变化了。

4. 溶液浓度的测定

由于 A 管在换不同浓度待测溶液时会带来测定溶液的浓度与配制的待测溶液浓度存在

误差,可采用如下方法测定溶液的实际浓度:当测定完待测溶液的表面张力后,用滴管取出表面张力仪中一定量的溶液用阿贝折射率测其折射率,再根据乙醇水溶液的组成与其折光率($c-n$)工作曲线来确定该测定溶液的浓度。

5. 注意事项

(1)仪器系统不能漏气。

(2)所用毛细管必须干净、干燥,应保持垂直,其管口刚好与液面相切。

(3)气泡应调节成单气泡逸出,读取精密数显压力计的压差时,应取气泡单个逸出时的最大压力差。

(4)乙醇水溶液加入后,应该混合均匀。

五、实验结果处理

(1)计算仪器常数 K 和溶液的表面张力 γ。并绘制 $\gamma-c$ 等温线。

(2)作切线求 Z,并求出 Γ。

(3)求出 Γ 值,并记录数据于表 2-14 中,绘制 $\Gamma-c$ 等温线。

表 2-14　实验数据记录表

室温/℃ _____　　　　　　　　　　　　　大气压/Pa _____

	编号	蒸馏水	1	2	3	4	5	6	7
Δh_{max}	1								
	2								
	3								
	平均值								
折光率	1								
	2								
	3								
	平均值								
表面张力 γ									
浓度 c									

六、思考题

(1)细口管尖端为何必须调得恰与液面相切?否则对实验有何影响?

(2)气泡逸出速率较快,或不成单泡,对实验有无影响?为什么?

(3)用本法测表面张力时应注意哪些问题?

(4)用最大气泡压力法测表面张力时,为什么要测定仪器常数?如何测定?

(5)处理数据时,如何准确地画出曲线的切线?

实验十九 固体-溶液界面上的吸附

一、实验目的

(1) 测定活性炭-醋酸溶液吸附的饱和吸附量,并由此计算活性炭的比表面积。
(2) 通过实验验证 Freundlich 经验公式和 Langmuir 吸附等温公式。
(3) 了解固体-溶液界面上的吸附作用。

二、实验原理

对于比表面很大的多孔性或高度分散的吸附剂,如硅胶、分子筛、活性炭等,在溶液中均有较强的吸附能力。由于吸附剂表面结构的不同,对不同的吸附质有不同的吸附作用,因此吸附剂对溶质的吸附是有选择性的。

吸附能力的大小通常用吸附量 a 表示,a 表示单位质量的吸附剂所吸附溶质的物质的量,单位为 $mol \cdot g^{-1}$。在一定温度下,吸附量与吸附质在溶液中的平衡浓度 c 有关,Freundlich 根据吸附量与平衡浓度的关系曲线,得一经验公式

$$a = x/m = kc^{\frac{1}{n}} \tag{2-75}$$

式中,m 是吸附剂的质量(g);x 是溶质的物质的量(mol);c 是吸附平衡时溶液的浓度($mol \cdot dm^{-3}$);k 和 n 为经验常数,由温度、溶剂、吸附质与吸附剂的性质所决定。因为没有考虑溶剂的吸附,所以 a 称为表观吸附量,其值低于实际吸附量。将式(2-75)两边取对数,可得

$$\lg a = \lg k + \frac{1}{n} \lg c \tag{2-76}$$

以 $\lg a$ 对 $\lg c$ 作图得到一直线,根据直线的斜率和截距即可求出经验常数 n 和 k。Freundlich 公式纯为经验公式,只适用于浓度不太小的溶液。

Langmuir 吸附理论认为吸附是单分子层的,即每个吸附位置只能吸附一个吸附质分子;固体表面是均匀的,即固体表面吸附能力完全相同,所以对所有分子吸附的机会都相同;被吸附分子之间无相互作用;吸附平衡是动态平衡。Langmuir 在引入了上述几个重要假设后,得到了吸附量 a 与溶质的平衡浓度 c 之间的定量关系,即

$$a = a_\infty \frac{cK}{1 + cK} \tag{2-77}$$

式中,a_∞ 为饱和吸附量,相当于固体表面铺满单分子层溶质时的吸附量;c 为溶液中溶质的平衡浓度($mol \cdot dm^{-3}$);K 为吸附系数。将式(2-77)重新整理可得

$$\frac{c}{a} = \frac{c}{a_\infty} + \frac{1}{a_\infty K} \tag{2-78}$$

作 $(c/a)-c$ 图可得一直线,根据直线的斜率和截距可求得 a_∞ 和 K,常数 K 具有吸附和脱附达平衡时平衡常数的性质,与式(2-75)中的 k 不同。

根据 a_∞ 的数值,假定吸附质分子在吸附剂表面上是直立的,每个醋酸分子所占的面积以 $24.3 \times 10^{-20} m^2$ 计算,则吸附剂的比表面积 S_0 为

$$S_0 = \frac{a_\infty \times 6.02 \times 10^{23} \times 24.3}{10^{20}} \tag{2-79}$$

三、仪器与试剂

调速多用振荡器1台;1‰电子天平1台;烧杯($100cm^3$)4个;$250cm^3$具塞磨口锥形瓶6个;$250cm^3$锥形瓶6个;移液管($100cm^3$)1支;移液管($50cm^3$)2支;移液管($25cm^3$)2支;移液管($20cm^3$)1支;移液管($10cm^3$)1支;两用滴定管($50cm^3$)1支;称量瓶1只;颗粒活性炭;0.4 $mol·dm^{-3}$ HAc 溶液、0.04 $mol·dm^{-3}$ HAc 溶液;0.1 $mol·dm^{-3}$ NaOH 溶液;酚酞指示剂。

四、实验步骤

(1)活性炭的预处理(由实验老师准备)。

(2)将6个干净并干燥的 $250cm^3$ 具塞磨口锥形瓶编号,用称量瓶称量约1g(精确到0.001g)活性炭置于具塞磨口锥形瓶中,按表2-15配制不同浓度的醋酸溶液。

表2-15 醋酸溶液配制表

编号	1	2	3	4	5	6
$V(0.4mol·dm^{-3}HAc)/cm^3$	0	0	0	25	50	100
$V(H_2O)/cm^3$	75	50	0	75	50	0
$V(0.04mol·dm^{-3}HAc)/cm^3$	25	50	100	0	0	0

(3)配制好各种不同浓度的醋酸溶液后,盖好瓶塞,在室温下振荡1h,使之充分静置,用移液管按表2-16分别吸取相应体积的上部清液置于6个干净的锥形瓶($250cm^3$)中待滴定。

表2-16 吸取上清液体积

编号	1	2	3	4	5	6
V/cm^3	40	40	20	20	10	10

(4)用标准的 NaOH 溶液(0.1$mol·dm^{-3}$)分别标定吸附后醋酸的平衡浓度c,各编号样品的起始浓度可根据c_0来计算。

五、数据记录和处理

(1)按下式计算各浓度下的吸附量a:

$$a = \frac{(c_0 - c)V}{m} \tag{2-80}$$

式中,V为溶液的体积(cm^3);m为吸附剂质量(g)。将各浓度时的吸附量与平衡浓度记录在表2-17中。

表 2-17　固体-溶液界面上的吸附实验数据记录表

室温/℃_____　　　实验温度/℃_____　　　大气压/Pa_____
$c(NaOH)/(mol \cdot dm^{-3})$_____　　$c_1(HAc)/(mol \cdot dm^{-3})$_____
$c_2(HAc)/(mol \cdot dm^{-3})$_____　　溶液体积/cm³_____

编　号	1	2	3	4	5	6
m(活性炭)/g						
$V(NaOH)/cm^3$						
$c_0(HAc)/(mol \cdot dm^{-3})$						
$c(HAc)/(mol \cdot dm^{-3})$						
$a/(mol \cdot g^{-1})$						
$\dfrac{c}{a}/(g \cdot dm^{-3})$						

注:$c(HAc) = c(NaOH) \times V(NaOH)/V(取样体积)$

(2)压力一定时,以吸附量 a 为横坐标,以 HAc 的平衡浓度 c 为纵坐标作 $a-c$ 图,得吸附等温线。

(3)作 $\lg a - \lg c$ 图得一直线,由直线的斜率和截距可求出经验常数 n 和 k。

(4)作 $\dfrac{c}{a} - c$ 图得一直线,根据直线的斜率求得 a_∞。

(5)根据公式 $S_0 = \dfrac{a_\infty \times 6.02 \times 10^{23} \times 24.3}{10^{20}}$ 计算活性炭的比表面积 S_0。

六、思考题

(1)对比 Freundlich 和 Langmuir 吸附等温式的优缺点。
(2)讨论溶液浓度对吸附的影响。
(3)应用 Langmuir 吸附公式计算活性炭的比表面积,是属于物理吸附还是化学吸附?

第五节　综合实验

实验二十　$CuSO_4 \cdot 5H_2O$ 的"热重/差热"同步热分析

一、实验目的和要求

(1)掌握热重/差热分析的原理及方法。
(2)了解热重/差热同步分析仪的构造,学会其操作技术。
(3)利用热重/差热同步分析仪对 $CuSO_4 \cdot 5H_2O$ 进行差热分析,并根据所得到的谱图分析样品在加热过程中发生变化的情况。

二、实验原理

1. 差热分析

差热分析是在程序控制温度下,测量试样与参比物(一种在测量温度范围内不发生任何热效应的物质)之间的温度差与温度关系的一种技术。

许多物质在加热或冷却过程中会发生熔化、凝固、晶型转变、分解、化合、吸附、脱附等物理化学变化。这些变化必将伴随体系焓的改变,因而产生热效应。其表现为该物质与外界环境之间有温度差。选择一种对热稳定的物质作为参比物,将其与样品一起置于可按设定速率升温的电炉中,分别记录参比物的温度以及样品与参比物间的温度差,以温差对温度作图就可以得到一条差热分析曲线,或称差热谱图。

如果参比物和被测物质的热容大致相同,而被测物质又无热效应,两者的温度基本相同,此时测到的是一条平滑的直线,该直线称为基线。一旦被测物质发生变化,因而产生了热效应,在差热分析曲线上就会有峰出现。热效应越大,峰的面积也就越大。在差热分析中通常还规定,峰顶向上的峰为放热峰,它表示被测物质的焓变小于零,其温度将高于参比物。相反,峰顶向下的峰为吸收峰,则表示试样的温度低于参比物。

差热曲线的峰形、出峰位置、峰面积等受被测物质的质量、热传导率、比热、粒度、填充的程度、周围气氛和升温速率等因素的影响。因此,要获得良好的再现性结果,对上述各点必须十分注意。一般而言,升温速率增大,达到峰值的温度向高温方向偏移;峰形变锐,但峰的分辨率降低,两个相邻的峰,其中一个将会把另一个遮盖起来。

2. 热重分析

当被测物质在加热过程中有升华、气化、分解出气体或失去结晶水时,被测物质的质量就会发生变化。这时热重曲线就不是直线而是有所下降。通过分析热重曲线,就可以知道被测物质在多少度时产生变化,并且根据减少的质量,可以计算失去了多少物质(如$CuSO_4 \cdot 5H_2O$中的结晶水)。从热重曲线(图2-36)上我们就可以知道$CuSO_4 \cdot 5H_2O$中的5个结晶水是分三步脱去的。

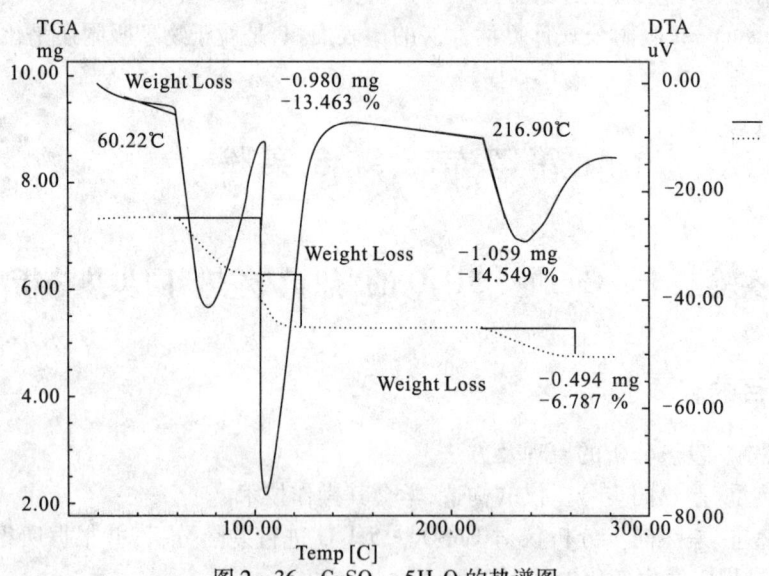

图2-36 $CuSO_4 \cdot 5H_2O$的热谱图

三、仪器与试剂

STA409PC 热重/差热同步热分析仪 1 套；α-Al_2O_3 坩埚 2 个；$CuSO_4 \cdot 5H_2O$（A.R.，实验前应碾成粉末，粒度为 100~300 目）。

四、实验步骤

(1) 仔细阅读仪器操作说明书，在老师指导下，开启仪器和计算机程序。

(2) 样品称量。先在十万分之一的电子天平上分别准确称取 2 个 α-Al_2O_3 坩埚质量并记录，再在其中一个坩埚中称取约 10mg 固体 $CuSO_4 \cdot 5H_2O$，准确记录。

(3) 样品放置。升起加热炉体，用镊子小心地将空的参比坩埚和盛有样品的坩埚放置在测量支架上，落下炉体。

(4) 设定测试程序。在老师的指导下选择相应的修正文件，设置温度程序为：30℃初始等待状态，温升范围为 30~300℃，温升速率为 5℃/min。测试气氛为 30cm^3/min 的流动空气。

(5) 等待约 35min，清零，开始测定。

(6) 测试结束后，待样品温度降至 100℃ 以下，升起炉体，用镊子取出坩埚放在规定处，降下炉体，结束实验。

五、注意事项

(1) 被测样品应在实验前碾成粉末，一般粒度在 100~300 目。装样时，应在实验台上轻轻敲几下，以保证样品之间有良好的接触。

(2) 坩埚放置在测试支架上时，要小心，不能让样品洒在支架上。镊子不能与支架托盘接触，坩埚与支架托盘必须接触良好。

(3) 初始等待开始时，注意手动调节气体流量计。

六、数据处理

(1) 启动数据分析程序，调入已做的热谱，对其热重及差热曲线进行分析并在图中标注。

(2) 根据分析结果给出 $CuSO_4 \cdot 5H_2O$ 的热分解机理，写出相应的反应式及热效应。

(3) 与标准数据对比，并进行讨论。

七、思考题

(1) 差热分析实验中应选择参比物，本次实验的参比物是什么？常用的参比物有哪些？

(2) 差热曲线的形状与哪些因素有关？影响差热分析结果的主要因素是什么？

实验二十一　可逆电池电动势的测定

一、实验目的

(1) 掌握对消法测定电动势的原理及电位差计的使用原理。

(2) 学会一些电极的制备和处理方法。

(3) 测定下列电池的电动势：

Zn(s) | ZnSO$_4$(0.10 mol·dm^{-3}) ‖ CuSO$_4$(0.10 mol·dm^{-3}) | Cu(s)

Zn(s) | ZnSO$_4$(0.10 mol·dm^{-3}) ‖ KCl(饱和溶液) | 饱和甘汞电极

二、实验原理

原电池由正、负两个电极插在相应的电解质溶液中所构成，原电池反应则是两个电极反应的加和，原电池电动势 E 为组成该电池的正、负两个电极的电极电势之差，即

$$E = \varphi_+ - \varphi_- \qquad E^\ominus = \varphi_+^\ominus - \varphi_-^\ominus \tag{2-81}$$

式中，E 和 $E^\ominus$ 分别为原电池的电动势和标准电动势，φ_+、φ_- 和 $\varphi_+^\ominus$、$\varphi_-^\ominus$ 分别为原电池正极、负极的电极电势和标准电极电势。

原电池电动势与温度及参加电池反应的各物质活度有关。当温度一定时，原电池电动势与参加电池反应的各物质活度之间的关系符合能斯特方程，即

$$E = E^\ominus - \frac{RT}{zF} \ln \prod_B a_B^{\nu_B} \tag{2-82}$$

式中，z 为电池反应的电子转移数；F 为法拉第常数；R 为摩尔气体常数；T 为绝对强度；a_B 为参加反应的物质 B 的活度；ν_B 为物质 B 的计量系数。

如果将某电极与参比电极组成原电池，测定电池的电动势，由式(2-81)、式(2-82)可求出该电极的电极电势和标准电极电势。

电池电动势的测定必须在电池可逆条件下进行，即要求电池电极反应是可逆的，还要求在测量回路中电流趋近于零，因此，在用电化学方法研究化学反应的热力学性质时，所设计的电池尽量避免出现液接界，在精确度要求不高的测量中，出现液接界常用盐桥来消除或减小。根据对消法原理（在外加电路上加一个方向相反而电动势几乎相等的电池），本实验是在实验温度下采用 UJ-25 型电位差计测量电池电动势。电位差计的工作原理及使用方法，参阅第三章。对消法测电池电动势的原理如图 2-37 所示。图中 E_W 为

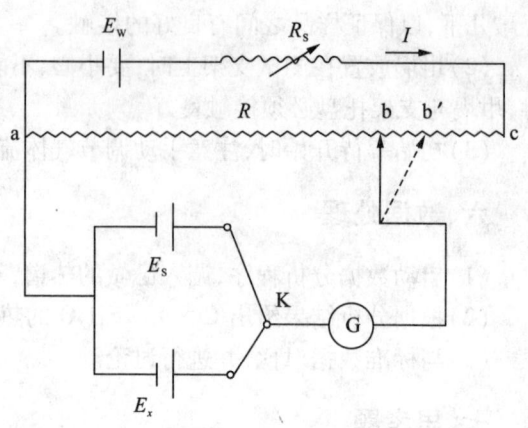

图 2-37 对消法测电池电动势的原理

大容量的工作电池，常用甲电池或蓄电池；R_S 为可变电阻，使回路中有合适的工作电流 I，这样在 ac 上就有一均匀的电位降产生；R 为滑线电阻；E_S 为标准电池；G 为高灵敏检流计；E_x 为待测电池，K 为双向开关；b 为可在 ac 上移动的接触点。先将 b 点移到与标准电池 E_S 电动势值相应的刻度处，将 K 与 E_S 接通，迅速调节可变电阻 R_S 至检流计 G 中无电流通过，此时标准电池 E_S 的电动势与 ab 的电势降数值相等方向相反而对消，这样就由标准电池校准了 ac 上的电势降。再将 K 与 E_x 接通，移动滑动接触点 b，当回路中无电流通过时，待测电池的电动势等于 a、b 两点的电势差。

三、仪器和药品

UJ-25型电位差计1台；铜、锌电极各1支；饱和式韦斯顿标准电池1只；纯铜片（电镀阳极用）1片；检流计1台；盐桥2只；甲电池2只；滤纸若干；电镀电源1台；金相砂纸若干；滑线电阻1台；导线若干；毫安表1台；烧杯若干；饱和甘汞电极1支；废液杯1只；0.1000 mol·dm^{-3} ZnSO$_4$；0.1000 mol·dm^{-3} CuSO$_4$；饱和KCl溶液；KCl(A.R.)；饱和Hg$_2$(NO$_3$)$_2$溶液；稀HNO$_3$溶液；稀H$_2$SO$_4$溶液；镀铜溶液。

四、实验步骤

1. 制备电极

(1) 铜电极制备。用金相砂纸及稀HNO$_3$溶液（浸入约30s）去除铜电极表面上的氧化层，取出用水冲洗、蒸馏水淋洗，然后置于镀铜液中作阴极，取一个经清洁处理铜片作阳极，控制电流约100mA，电镀时间20min，使铜电极表面有一层均匀的铜，并尽快洗净置于电极杯中，用溶液浸没并超出1cm左右。

(2) 锌电极制备。用金相砂纸及稀H$_2$SO$_4$溶液（浸入约30s）去除锌电极表面上的氧化层，取出用水冲洗、蒸馏水淋洗，然后浸入饱和Hg$_2$(NO$_3$)$_2$溶液中5s。取出后用滤纸擦拭锌电极（汞有毒，用过的滤纸投入指定的废液杯中），使锌电极表面有一层均匀的锌汞齐，再用蒸馏水淋洗，把处理好的锌电极同上法处理。

2. 原电池组装

将制备好的电极分别放入相应的烧杯中，分别组成下列电池：

$$Zn(s) | ZnSO_4(0.10\ mol·dm^{-3}) \| CuSO_4(0.10\ mol·dm^{-3}) | Cu(s)$$

$$Zn(s) | ZnSO_4(0.10\ mol·dm^{-3}) \| KCl(饱和溶液) | 饱和甘汞电极$$

$$KCl(饱和溶液) | 饱和甘汞电极 \| CuSO_4(0.10\ mol·dm^{-3}) | Cu(s)$$

3. 原电池电动势测定

(1) 按照电位差计电路图连接好电动势测量线路，用对消法测定电动势。
按室温 t/℃ 计算饱和式韦斯顿标准电池的电动势 E_N/V

$$E_N = 1.01865 - 4.06 \times 10^{-5} \times (t-20)$$

(2) 分别测定以上3个电池的电动势（测量2次）。

五、实验数据处理

(1) 记录实验所测定的原电池的电池电动势。

(2) 计算实验温度下锌电极的标准电极电势，已知 $\gamma_\pm(0.10\ mol·dm^{-3}\ ZnSO_4) = 0.150$。

(3) 计算实验温度时下述电池的理论电动势：

饱和甘汞电极 | KCl(饱和溶液) $\|$ 0.10 mol·dm^{-3} CuSO$_4$ | Cu(s)

已知：$\gamma_\pm(0.10\ mol·dm^{-3}\ CuSO_4) = 0.160$，298K 时，$E^{\ominus}(Cu^{2+}|Cu) = 0.337V$，

$$\left[\frac{\partial E^{\ominus}(Cu^{2+}|Cu)}{\partial T}\right]_p = 8.0 \times 10^{-6} V·K^{-1}$$

不同温度下饱和甘汞电极的电极电势 $\varphi^{\ominus}$(饱和甘汞)/V $= 0.2412 - 6.61 \times 10^{-4}(t-25)$
将实验数据记录在表2-18中。

表 2-18　可逆电池电动势测定实验数据记录表

室温/℃ _____　　　　　　　　　　　　　　　　　　　大气压/Pa _____

电池表示式	E/V

六、注意事项

（1）电池电动势不能用伏特计直接测量，因为与伏特计接通后就有电流通过电极，使电极发生极化而偏离平衡状态。此外，电池本身有内阻，所以伏特计测量的仅是两电极间的电位降。

（2）在放置或移动标准电池时，只能平放、平移，绝不可斜放、斜拿，更不允许倒置。

（3）在测量电动势过程中，应经常注意校正工作电流，同时，测量转换开关 K 应指向"标准"位置。

七、思考题

（1）在测量电池电动势过程中，若检流计光点总往一个方向偏转，可能的原因有哪些？

（2）用 Zn(Hg) 与 Cu 组成电池时，有人认为锌表面有汞，因而铜应为负极，汞为正极。请分析此结论是否正确？

实验二十二　碳钢在碳酸氢铵溶液中极化曲线的测定

一、实验目的

（1）测定碳钢在碳酸氢铵溶液中的阳极极化曲线。
（2）掌握线性电位扫描法测试阳极极化曲线的基本原理和方法。

二、实验原理

线性电位扫描法测试极化曲线是指控制电极电位在一定电位范围内、以一定的速率均匀连续变化，同时记录各电位反应的电流密度，从而得到电位-电流密度曲线，即稳态极化曲线。在这种情况下，电位是自变量，电流是因变量，极化曲线表示稳态电流密度与电位之间的函数关系：$i = f(\Phi)$。

阳极极化曲线是研究金属表面钝化现象和电化学腐蚀和防腐的重要手段。测试阳极极化曲线是进行阳极保护之前不可缺少的实验研究步骤。根据实验测得的致钝电流密度、维钝电流密度和钝化稳定电位区均可作为实施阳极保护的参考数据。

在以金属作阳极的电解池中通过电流时,通常将发生阳极的电化学溶解过程。如阳极极化不大,阳极溶解过程的速率随电势变正而逐渐增大,这是金属的正常阳极溶解。在某些化学介质中,当电极电势正移到某一数值时,阳极溶解速率随电势变正反而大幅度降低,这种现象称作金属的钝化。

处在钝化状态的金属的溶解速率是很小的,在金属防腐及作为电镀的不溶性阳极时,这正是人们所需要的。而在另外的情况如化学电源、电冶金和电镀中的可溶性阳极,金属的钝化就非常有害。

利用阳极钝化,使金属表面生成一层耐腐蚀的钝化膜来防止金属腐蚀的方法,叫做阳极保护。

利用线性电位扫描法测定的阳极极化曲线如图 2-38 所示。曲线表明,电势从 a 点开始上升(即电势向正方向移动),电流也随之增大,电势超过 b 点以后,电流迅速减至很小,这是因为在碳钢表面上生成了一层电阻高、耐腐蚀的钝化膜。到达 c 点以后,电势再继续上升,电流仍保持在一个基本不变的、很小的数值上。电势升至 d 点时,电流又随电势的上升而增大。从 a 点到 b 点的范围称为活性溶解区;b 点到 c 点称为钝化过渡区;c 点到 d 点称为钝化稳定区;d 点以后称为过钝化区。对应于 b 点的电流密度称为致钝电流密度;对应于 cd 段的电流密度称为维钝电流密度。如果对金属通以致钝电流(致钝电流密度与表面积的乘积)使表面生成一层钝化膜(电势进入钝化区),再用维钝电流(维钝电流密度与表面积的乘积)保持其表面的钝化膜不消失,金属的腐蚀速率将大大降低,这就是阳极保护的基本原理。

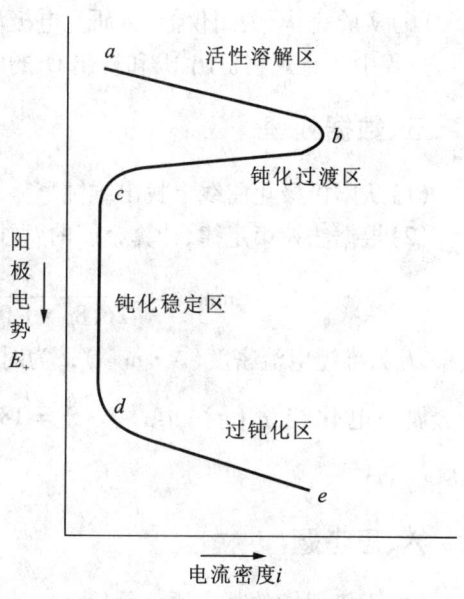

图 2-38 阳极极化曲线

本实验通过测定碳钢在碳酸氢铵溶液中的阳极极化曲线研究碳钢的钝化行为。

三、仪器与试剂

CHI 电化学工作站(扫描速率为 0.005V/s,扫描范围为 -0.2~1.6V)1 台;H 型电解池 1 套;饱和甘汞电极(参比电极)1 支;碳钢电极(研究电极)1 支;铂或铅电极(辅助电极)1 支;25% 氨水被碳酸氢铵饱和的溶液。

四、实验步骤

(1) 先将碳钢电极在金相砂纸上磨光,再用绒布磨成镜面,每次测量前都需重复上述步骤。电极除一工作面外,其余五面用环氧树脂或石蜡封住。

(2) 研究电极和辅助电极浸入饱和碳酸氢铵溶液中,参比电极浸入饱和硝酸钾溶液中,两溶液通过饱和硝酸钾琼脂盐桥连通,鲁金毛细管小嘴距研究电极约 2mm。

(3) 启动工作站,运行 CHI660 测试软件。在"setup"菜单中点击"Technique"选项。在弹出菜单中选择"线性扫描测试"方法,点击"确定"按键。

(4)在"setup"菜单中点击"Paraters"选项。在弹出菜单中输入测试条件:"InitE"为 $-0.2V$,"FinalE"为 $1.6V$,"Scan Rate"为 $0.005V/s$,"Sample Interval"为 $0.001V$,"Quiet Time"为 $2s$,"Sensitivity"为 1×10^{-6},选择"Auto-sensitivity"。然后点击"确定"按键。

(5)在"Control"菜单中点击"Run Experiment"选项,进行极化曲线的测量。

(6)实验完毕,关闭仪器,将研究电极清洗干净待用。

过程中注意观察析出 H_2 和析出 O_2 的电势。

五、数据处理

(1)从阳极极化曲线上找出维钝电势范围和维钝电流密度($A\cdot m^{-2}$)。

(2)根据法拉第定律,计算金属的腐蚀速率:

$$K(mm/a) = \frac{I_m t\, n}{26.8\rho \times 1\,000}$$

式中,I_m 为维钝电流密度($A\cdot m^{-2}$);t 为时间(h),一年按330天计,共 $24\times330=7\,920(h)$;n 为金属的电化当量(g),$n_{Fe^{3+}}=\frac{56}{3}=18.7(g)$;$\rho$ 为金属的密度($g\cdot cm^{-3}$),碳钢 $\rho=7.8\,g\cdot cm^{-3}$。

六、思考题

(1)阳极保护的基本原理是什么?什么样的介质才适用于阳极保护?

(2)什么是致钝电流和维钝电流?它们有什么不同?

(3)在测量电路中,参比电极和辅助电极各起什么作用?

(4)测定阳极钝化曲线为什么要用线性电位扫描法?

(5)开路电位、析 O_2 电势和析 H_2 电势各有什么意义?

实验二十三　计算机联用研究 Belousov-Zhabotinsky 振荡反应

一、实验目的

(1)了解贝洛索夫-恰鲍廷斯基(Belousov-Zhabotinsky)振荡反应(简称 B-Z 振荡反应)的基本原理。

(2)掌握研究化学振荡反应的一般方法。

(3)掌握计算机在化学实验中的应用,测定振荡反应的诱导期与振荡周期。

二、实验原理

化学振荡是一种周期性的化学现象。化学振荡是在开放体系中进行的远离平衡的一类反应。体系与外界环境交换物质和能量的同时,通过采用适当的有序结构状态耗散环境传来的物质和能量。这类反应与通常的化学反应不同,它并非总是趋向于平衡态的。

在大多数化学反应中,生成物或反应物的浓度随时间而单调地增加(生成物)或减少(反应物),最终达到平衡状态。反应

$$2BrO_3^- + 3CH_2(COOH)_2 + 2H^+ \xrightleftharpoons{Ce^{4+}} 2BrCH(COOH)_2 + 3CO_2 + 4H_2O$$

的过程却并非如此,在该反应的过程中可明显地观察到 Ce^{4+} 浓度的周期变化现象,同时也可测到反应过程中 Br^- 生成的周期振荡现象。前苏联化学家 Belousov 在 1958 年首次发现了这类反应,几年后 Zhabotinsky 等人对这类反应又进行了深入地研究,将反应的范围大大扩展,这类反应被称为 B-Z 反应。锰离子或三邻菲啰啉合铁(Ⅱ)离子均可作为这类反应的催化剂。图 2-39 是实验测得的 B-Z 体系典型铈离子和溴离子浓度的振荡曲线。

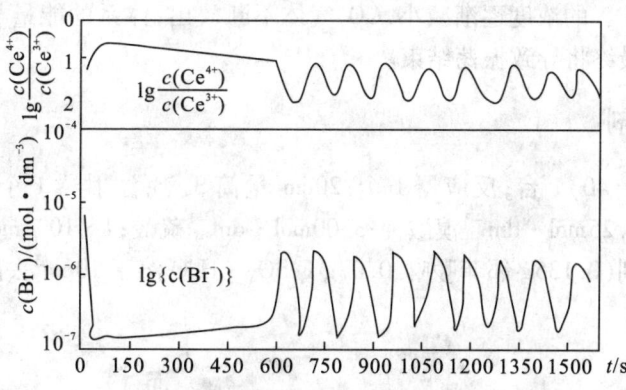

图 2-39 B-Z 反应中的浓度振荡实验结果

为什么会产生化学振荡现象呢? 20 世纪 60 年代末 Prigogine 学派对不可逆过程热力学的突破性研究成果,使得人们真正了解了化学振荡产生的原因,即体系处于平衡态的非线性区时,无序的均匀态并不总是稳定的,在某些条件下,无序的均匀定态会失去稳定性而自发产生某种新的、可能是时空有序的状态。因为这种状态的形成需要物质和能量的耗散,所以把这种状态称之为耗散结构(dissipative structure)。

B-Z 振荡反应的机理是复杂的,对用铈催化的 B-Z 反应,1972 年 Field、Koros 及 Noyes 提出了著名的 FKN 机理,它比较成功地解释了振荡的产生。

设该体系中主要存在着两种不同的总过程Ⅰ和Ⅱ,哪一种过程占优势,取决于体系中溴离子的浓度,当 $c(Br^-)$ 高于某个临界值时,过程Ⅰ占优势,当 $c(Br^-)$ 低于临界值时,过程Ⅱ占优势。过程Ⅰ消耗 Br^- 导致过程Ⅱ,而过程Ⅱ生产 Br^- 又使体系回到过程Ⅰ,如此循环就产生了化学振荡现象。

用铈催化的 B-Z 反应机理大致可认为如下。

当 $c(Br^-)$ 较大时,发生下列反应:

$$BrO_3^- + Br^- + 2H^+ \longrightarrow HBrO_2 + HOBr \tag{2-83}$$

$$HBrO_2 + Br^- + H^+ \longrightarrow 2HOBr \tag{2-84}$$

反应(2-83)、(2-84)使 $c(Br^-)$ 逐渐降低,这两个反应属于过程Ⅰ。

当 $c(Br^-)$ 低于临界值后,发生如下反应:

$$BrO_3^- + HBrO_2 + H^+ \longrightarrow 2BrO_2 + H_2O \tag{2-85}$$

$$BrO_2 + Ce^{3+} + H^+ \longrightarrow HBrO_2 + Ce^{4+} \tag{2-86}$$

$$2HBrO_2 \longrightarrow BrO_3^- + HOBr + H^+ \qquad (2-87)$$

上述反应生成的 Ce^{4+} 又促使 Br^- 产生：

$$4Ce^{4+} + BrCH(COOH)_2 + H_2O + HOBr \longrightarrow 2Br^- + 4Ce^{3+} + 3CO_2(g) + 6H^+ \qquad (2-88)$$

于是 $c(Br^-)$ 又增大，式(2-85)~式(2-88)属于过程Ⅱ。当 $c(Br^-)$ 超过临界值时，过程Ⅰ又开始进行，体系开始一个新的循环，这样的循环就产生了周期性的振荡现象，该反应的振荡周期约为30s。

上述振荡反应的净化学变化是

$$2BrO_3^- + 3CH_2(COOH)_2 + 2H^+ \xrightleftharpoons{Ce^{4+}} 2BrCH(COOH)_2 + 3CO_2 + 4H_2O$$

随着反应的进行，BrO_3^- 的浓度逐渐减小，CO_2 气体不断放出，体系的能量与物质逐渐耗散，如果不补充新的原料最终将导致振荡结束。

三、仪器与试剂

振荡装置(图2-40)1台；反应器1个；$20cm^3$量筒3个；注射器1个；培养皿1只；$0.45 mol \cdot dm^{-3}$丙二酸；$0.25 mol \cdot dm^{-3}$溴酸钾；$3.00 mol \cdot dm^{-3}$硫酸；$4 \times 10^{-3} mol \cdot dm^{-3}$硫酸铈铵；邻菲啰啉亚铁指示剂($0.135g$邻菲啰啉、$0.07g$ $FeSO_4 \cdot H_2O$ 溶于 $10cm^3$ 去离子水)。

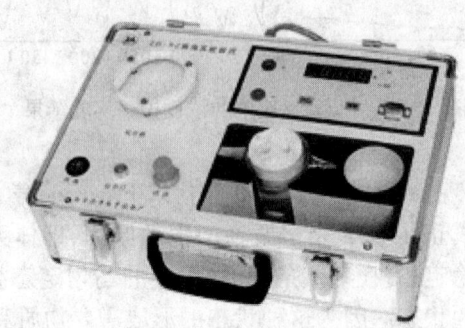

图2-40 振荡装置实物图

四、实验步骤

1. 浓度振荡现象的观察

(1)设定恒温槽温度。

(2)在反应器中加入 $0.45 mol \cdot dm^{-3}$ 丙二酸、$0.25 mol \cdot dm^{-3}$ 溴酸钾和 $3.00 mol \cdot dm^{-3}$ 硫酸各 $15cm^3$，并将其置于振荡器指示的位置，装好甘汞电极和铂电极。

(3)将振荡器的电源开关置于"开"的位置，将磁珠放入反应器内，调节"调速"旋钮至合适速率。

(4)将精密数字电压仪置于2V挡，两电极对接清零；甘汞电极接负极、铂电极接正极(甘汞电极若为双盐桥电极，要注意外层套管内的饱和 KCl 的量)。

(5)将振荡器上的电压测量仪与电脑串行口连接，启动 BZ 振荡器2.00软件；点击"设置"菜单"设置坐标系"进行设置，一般电压设置为 $0.95\sim1.30V$，时间为10min，串行口和采样时间为默认。

(6)反应器恒温5min后,用注射器吸取4×10^{-3}mol·dm^{-3}硫酸铈铵溶液$15cm^3$从加样口加入反应器内,立即点击"数据通讯"菜单"开始绘图",软件即开始绘图。若点击"数据通讯"菜单"停止绘图",则绘图停止。

(7)停止绘图后,再点击"数据处理"菜单"诱导时间",则弹出对话框,用鼠标右键在曲线上取合适两点(图2-41),点击"继续",则显示诱导时间。若点击"数据处理"菜单"振荡时间",如上操作可得振荡时间。可在"体系温度"文本框中输入当前温度值。

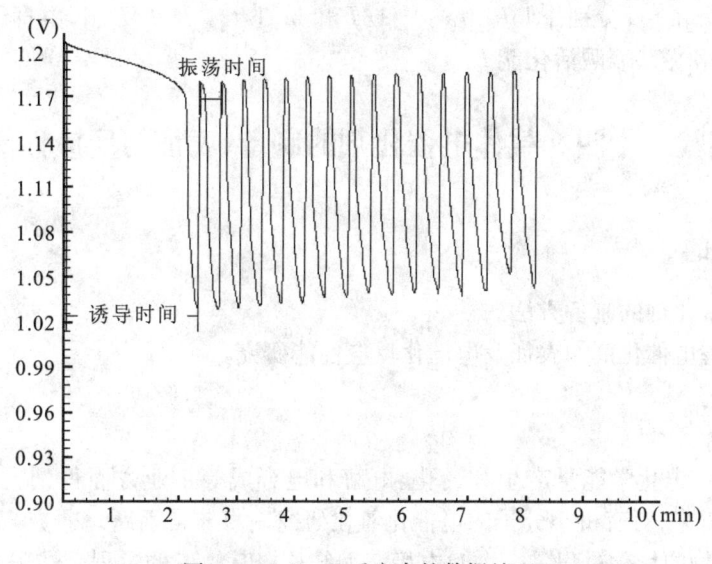

图2-41 B-Z反应中的数据处理

(8)点击"数据处理"菜单"添加到数据库",把当前数据添加到数据库。

(9)将反应器中的溶液倒出,重新换溶液,改变温度约至40℃(每次改变3~5℃),重复以上操作。

(10)点击"数据处理"菜单"历史数据",选择一组实验数据,点击"查看曲线"可在主界面显示曲线图,将选择的几组数据标记为T,点击"计算"按钮,对所选数据进行数据处理,可求出诱导表观活化能和振荡表观活化能。

(11)点击"导出"按钮,可将当前数据库所在的数据导出,文件格式为*.BZZ和*.xls。点击"文件"菜单"保存"则可保存绘制的曲线。选择一组实验数据,点击"查看曲线"可在主界面显示曲线图,将选择的几组数据标记为T,点击"计算"按钮,对所选数据进行数据处理,可求出诱导表观活化能和振荡表观活化能。

2. 空间化学波现象的观察

(1)溶液的配制。

溶液Ⅰ:将3 cm^3 H_2SO_4(浓)和11g $KBrO_3$(s)溶解在134 cm^3去离子水中。

溶液Ⅱ:将1.1g $KBrO_3$(s)溶解在$10cm^3$去离子水中。

溶液Ⅲ:将2g丙二酸(s)溶在$20cm^3$去离子水中。

(2)实验步骤。在$50cm^3$烧杯中先加入$18cm^3$溶液Ⅰ,再加入$1.5cm^3$溶液Ⅱ和$3cm^3$溶液Ⅲ,待溶液澄清后,再加入$3cm^3$邻菲啰啉亚铁指示剂,充分混合后,倒入一直径为9cm的培养皿中,将培养皿水平放在桌面上盖上盖子,下面放一张白纸以利于观察。培养皿中的溶液先呈均匀的红色,片刻后溶液中出现蓝点,并成环状向外扩展,形成各种同心圆式图案。如果倾斜培养皿使一些同心圆破坏,则可观察到螺旋式图案的形成,这些图案同样能向四周扩展。

五、数据处理

(1)分析周期随温度的变化。

(2)将所选定的数据输入计算机,求出诱导表观活化能 $E_{诱导}$ 和振荡表观活化能 $E_{振荡}$,或利用不同温度的 $t_{诱导}$ 和 $t_{振荡}$ 分别作 $\ln(1/t_{诱导})-1/T$ 和 $\ln(1/t_{振荡})-1/T$ 图,由直线斜率求出诱导表观活化能 $E_{诱导}$ 和振荡表观活化能 $E_{振荡}$。

实验二十四 载体电催化剂的制备、表征与反应性能

一、实验目的

(1)学习电催化剂的制备方法。

(2)初步掌握电催化剂的表征及电催化反应性能研究。

二、实验原理

电催化研究在电化学能量产生和转化、电解和电合成等工业方面得到大量的实际应用。20世纪60年代以来,对有机小分子的电催化氧化研究一直非常活跃。研究表明,有机小分子解离吸附及其产物的氧化过程是一个对电极表面结构极其敏感的过程。在碳或氧化物为载体的表面沉积催化物质可显著提高电催化剂利用率,降低成本。铂具有较高的催化活性,因此对载体上沉积铂从而制备实用型催化剂的研究一直受到重视。有机小分子氧化不仅可作为直接燃料电池的阳极反应,而且在电催化机理研究中也占有非常重要的位置。电催化反应和异相化学催化不仅存在相似之处,还具有电催化自身的重要特性,最突出的表现为反应速率受电位的影响。由于电极/溶液界面上的电位可在较大范围内随意地变化,从而能够方便、有效地控制反应速率和反应选择性。典型的电催化反应有析氢反应和有机物分子的电氧化反应。

电极材料及其表面性质主要决定了电极反应速率与机理。因此,讨论如何寻找合适的催化剂和反应条件,以便减少过电位引起的能量损失和改善电极反应的选择性,是一个很值得研究的问题。大量事实证明,电极材料对反应速率有明显的影响,反应选择性不但取决于反应中间物的本质及其稳定性,而且取决于电极界面上进行的各个连续步骤的相对速率。电催化活性取决于催化剂本身的化学组成和颗粒尺寸及形状。催化剂微观结构对不同反应的影响也不尽相同。有些反应被称为结构敏感的反应,有些被称为结构不敏感的反应。此外,电极经过修饰可达到调节电催化活性和选择性的目的。本实验采用恒电流和循环伏安法在玻碳表面沉积金属膜,再通过金属离子的修饰研制高性能载体电催化剂,从而进一步研究其对有机小分子的电催化氧化的性质。

三、仪器与试剂

电化学工作站;电化学电池;铂片辅助电极;SCE 或 Ag/AgCl 参比电极;玻碳工作电极;电极抛光布;$0.5 \text{ mol} \cdot \text{dm}^{-3}$ 硫酸溶液;$0.1 \text{ mol} \cdot \text{dm}^{-3}$ 甲醇 + $0.5 \text{ mol} \cdot \text{dm}^{-3}$ 硫酸溶液;Sb^{3+}、

Bi^{3+}、Pb^{2+}金属离子;Al_2O_3抛光粉。

四、实验步骤

1. 载体电催化剂(电极)的制备

(1)玻碳电极(GC,$\Phi = 4.00$ mm,聚四氟乙烯包封制成)表面用 1~6 号金相砂纸研磨,以超声波水浴清洗除去表面研磨杂质,然后改用 $0.5\mu m$ 的研磨粉在研磨布上继续研磨,直到得到光亮的镜面,再以超声波清洗、备用。

(2)电解质为 $0.5\ mol \cdot dm^{-3}$ 的硫酸溶液,研究电极为 GC,辅助电极为 Pt 片电极,参比电极为饱和甘汞电极(SCE)。在电化学工作站上进行循环伏安检测,电位扫描区间为 -0.25 ~ $1.25V$,扫描速率为 50 mV/s,记录极化曲线。

(3)在含有 Pt 离子的溶液中,采用恒电流或循环伏安法在玻碳基底上沉积 Pt/GC 电极,通过控制沉积时间或电位扫描圈数以控制沉积层的厚度。

(4)选用 Sb^{3+}、Bi^{3+}、Pb^{2+}金属离子对电极进行化学修饰,制备 M-Pt/GC 电极。通过电极表面的修饰技术,控制不同修饰物种及其覆盖度 θ,以改善其电催化活性或选择性。

2. 载体电催化剂的表征及其在有机小分子氧化中的电催化特性

(1)将制得的载体电催化剂(GC 或 Pt/GC)分别作为研究电极,在 $0.5\ mol \cdot dm^{-3}$ 的硫酸电解质溶液中,Pt 片电极为辅助电极,饱和甘汞电极为参比电极,选用 -0.25 ~ $1.25V$ 的电位扫描区间和 50 mV/s 的扫描速率,在电化学工作站上进行循环伏安检测,记录极化曲线。并比较与讨论所得结果。

(2)将分别采用恒电流或循环伏安法沉积后并通过表面修饰技术制备的修饰电极(M-Pt/GC)置入 $0.5\ mol \cdot dm^{-3}$ 的硫酸溶液中,采用循环伏安法进行电化学表征。比较与讨论不同修饰物和不同覆盖度 θ 对电催化活性和选择性的影响。

(3)在 $0.1\ mol \cdot dm^{-3}$ 甲醇 + $0.5\ mol \cdot dm^{-3}$ 硫酸溶液中,分别采用 GC 和 Pt/GC 以及经过 Sb 修饰的 Pt/GC 电极,选取一定的电位扫描速率和扫描速率,对甲醇电催化氧化的循环伏安特性进行研究。

(4)观察比较不同电催化剂和不同扫描速率时循环伏安曲线的差别,并以峰电流值和峰电位值对 v 作图,观察其变化情况。

五、注意事项

浓硫酸具有危险性,避免直接接触。稀释浓硫酸是放热的过程,必要时应及时用冷水冷却。只能将浓硫酸缓缓倒入水中,不能反倒。倒时应用玻璃棒不断搅拌。

六、思考题

(1)在研制载体电催化剂过程中,必须考虑哪些主要因素?控制电沉积和控制电位沉积有何差异?何谓表面修饰技术?

(2)玻碳(GC)与载体电催化剂(Pt/GC)电极在 $0.5mol \cdot dm^{-3}$ 硫酸溶液或者 $0.1\ mol \cdot dm^{-3}$ 甲醇 + $0.5\ mol \cdot dm^{-3}$ 硫酸溶液中的循环伏安曲线是否一致?为什么?

(3)通过循环伏安法可获得哪些主要的实验参数?其物理意义是什么?

(4)与本体金属电催化剂相比较,载体电催化剂有哪些优缺点?

第三章 基本测量技术及实验仪器使用简介

第一节 温度测量技术

当两个温度不同的物体相接触时,必然有能量以热的形式由高温物体传至低温物体;而当两个物体处于热平衡时,它们的温度必然相同。这是温度测量的基础。

温度的数值表示方法称为温标。温度的量值与温标的选定有关。我国规定自1991年7月1日起施行1990年国际温标(ITS-90)[①]。

众所周知,热力学温度是国际单位制(SI)的七个基本单位之一,它用符号 T 表示,其单位是开尔文,单位符号是 K。定义热力学温度是水的三相点热力学温度的 $1/273.16$。

由于摄氏温标使用较早,人们更为熟悉,故把它作为具有专门名称的 SI 导出单位保留了下来,用符号 t 表示,单位符号是℃。单位摄氏度的定义是

$$t/℃ = T/K - 273.15$$

根据新定义,热力学温标与摄氏温度的分度值相同,二者间只差一个常数,故温度差既可用 T 表示,也可用 t 表示。

一、温度计

用于测量温度的物质,都具有某些与温度密切相关而又能严格复现的物理性质,诸如体积、压力、电阻、热电势及辐射波等。利用这些特性就可以制成各种类型的测温仪器——温度计。

(一)汞温度计

汞温度计是实验室最常用的测温仪器。它是以液态汞作为测温物质的。它的优点是使用简便,准确度也较高,测温范围可以从 -35℃ 到 +600℃(测高温的温度计毛细管中充有高压惰性气体,以防止汞气化)。但汞温度计的缺点是其读数易受许多因素的影响而引起误差,在精确测量中必须加以校正。相关的主要校正项目有:

1. 示值校正

温度计的刻度常是按定点(水的冰点及正常沸点)将毛细管等分刻度,但由于毛细管直径的不均匀及汞和玻璃的膨胀系数的非严格线性关系,因而读数不完全与国际温标一致。对标准温度计或精密温度计,可由制造厂或国家计量管理机构进行校正,给予检定证书,附有每 5℃ 或 10℃ 的校正值。这种检定的手续比较复杂,要求比较严格。在一般实验室中对于没有

---

① 详细内容可参见:国家技术监督局计量司.1990年国际温标宣贯手册.北京:中国计量出版社,1990。

检定证书的温度计,可把它与另一支同量程的标准温度计同置于恒温槽中,在露出度数相同时进行比较,得出相应校正值。其余没有检定到的温度示值可由相邻两个检定点的校正值线性内插而得。如果作成图3-1所示的校正曲线,使用起来就比较方便,这时:

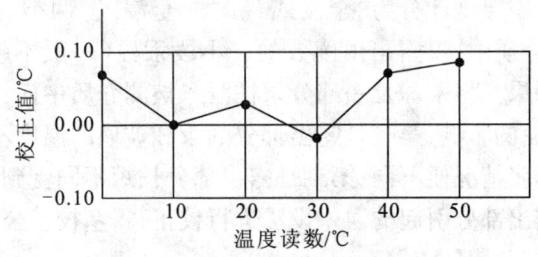

图3-1 汞温度计示值校正曲线

$$校正值 = 标准值 - 读数值$$
故
$$标准值 = 读数值 + 校正值$$

例如,具有图3-1这种校正曲线的温度计,其30℃读数的实际温度等于(30.00 - 0.02)℃ = 29.98℃。

2. 零点校正(冰点校正)

因为玻璃是一种过冷液体,属热力学不稳定体系,体积随时间有所改变;另一方面,当玻璃受到暂时加热后,玻璃球不能立即回到原体积,这些因素都会引起零点的改变。标准温度计和精密温度计都附有零点标记。因为零点的检验简单而准确,对于要求不太高的温度计,可半个月或两个月检定一次,而对标准温度计则每次测定完后都应检定零点,这样才能把加热引起的暂时变化考虑在内。对不超过400℃的温度计,可认为零点位置的改变会引起温度计所有示值的位置都有相同的改变。例如,温度计原检定证书上注明的零点位置是-0.02℃,而现在测量零点位置是+0.03℃,这说明零点位置已升高了[0.03 - (-0.02)]℃ = 0.05℃,所以温度计的读数也相应增加了0.05℃,这时,应从读数中减去0.05℃才能得到正确温度。因此,考虑了零点改变后的示值校正应按下式计算:

$$校正值 = 原证书上的校正值 + (证书上的零点位置 - 新测得的零点位置)$$

如果零点位置未变,则直接用原证书上的校正值就行了。

图3-2(a)所示是由一个夹层玻璃容器做成的冰点器,空气夹套起绝热作用,以免冰很快熔化,熔化的冰水从底部小管排出。容器中水面比冰面稍低,冰粒必须很细,应很好地围绕温度计,注意冰水混合物中不应含有空气泡。也可用图3-2(b)所示的保温瓶作冰点器,用虹吸管排出水。要求准确度高时,需用蒸馏水凝成的冰。一般可从冰厂购得的冰中选出洁白的冰块,用蒸馏水洗净,并注意粉碎时不要引入杂质,用预冷的蒸馏水淹没冰层,用清洁木片搅拌压紧,从橡皮管把水放出到上层变白为止。将已预冷的温度计垂直插入冰点器中,零点标线露出冰面不超过5mm。

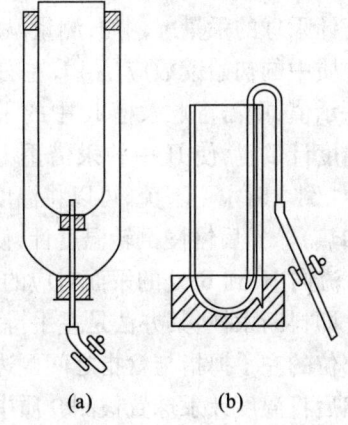

图3-2 冰点器示意图

温度计插入后不得任意提起,以免底部形成孔隙。等待 10~15min 后,每 1~2min 读数一次,读数稳定后,以连续 3 次读数的平均值作为零点测定值。

3. 露茎校正

根据插入深度不同,汞温度计分为"全浸式"和"非全浸式"两类。对全浸式温度计,使用时要求将汞柱浸入被测介质中,仅露出供读数的一小段汞柱(一般不超过 10mm)。但在不少场合,这是不方便的。如果只将汞球及一部分汞柱浸入被测介质中而让部分汞柱露出介质,则读数准确性将受到两方面的影响:第一是露出部分的汞和玻璃的温度不同于浸入部分,且随环境温度而改变,因而其膨胀情况便不同;第二是露出部分长短不同受到的影响也不同。为了保证示值的准确,只得对露出部分引起的误差设法进行校正,露茎校正公式是:

$$露茎校正值 \Delta t_{露} = K \times n(t - t_s)$$

式中,K 为测温物质在玻璃中的视膨胀系数,对汞温度计为 $0.000\ 16 K^{-1}$,对多数有机液体温度计为 $0.001 K^{-1}$;n 为露出部分的温度度数;t 为被测介质温度;t_s 为露出汞柱的平均温度,由辅助温度计测定。

[例 3.1] 设某一 1/10℃ 分度的汞温度计经示值和零点校正后读数 80.35℃,开始露出的温度示值为 30.10℃,测得露出部分汞柱平均温度为 60.50℃,因此

$$n = 80.35 - 60.50 = 19.85(℃)$$

$$\Delta t_{露} = 0.000\ 16 \times 19.85 \times (85.35 - 30.10) = 0.16(℃)$$

故 实际温度 $= 80.35 + 0.16 = 80.51(℃)$

由此可见,当使用全浸温度计时,如忽略露茎校正,可能引起较大误差。

(二)贝克曼温度计

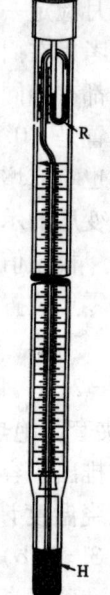

贝克曼温度计(图 3-3)是一种特殊的汞温度计。它的最小刻度是 0.01℃,可以估读到 0.002℃。整个温度计的刻度范围一般是 5℃ 或 6℃,可借顶部贮汞槽调节底部汞球中的汞量,用于精密测量介质温度 -20℃ 到 155℃ 范围内不超过 5℃ 或 6℃ 的温差,故这种温度计特别适用于量热、测定溶液的凝固点下降和沸点上升,以及其他需要测量微小温差的场合。

使用贝克曼温度计时,首先需要根据被测介质的温度,调整温度计汞球的汞量。例如,测量温度降低值时,贝克曼温度计置被测介质中的初始读数应是 4℃ 左右为宜。如汞量过少汞柱达不到这一示值,则需将贮汞槽 R 中的汞适量转移至汞球 H 中。为此,将温度计倒置,使 H 中的汞借重力作用流入 R,并与 R 中的汞连接(如倒立时汞不下流,可以将温度计向下抖动,或将 H 放在热水中加热)。然后慢慢倒转温度计,使 R 位置高于 H,借重力作用,汞从 R 流向 H,到 R 处的汞面对应的标尺温度与被测介质温度相当时,立即抖断汞柱,其办法是左手持温度计约 1/2 处,用右手轻轻在 R 部位的左手拇指与食指之间侧边敲打,使汞在顶部毛细管端断开。然后将温度计汞球置被测介质中,看温度计示值是否恰当,如汞还少,则再按上法调整;如汞过多,则需从 H 中赶出一部分汞至 R 中。

图 3-3 贝克曼温度示意图

如果要测定温度升高值,则需将温度计在被测介质中的初始示值调整到1℃附近。

使用放大镜可以提高读数精度,这时必须保持镜面与汞柱平行,并使汞柱中汞弯月面处于放大镜中心,观察者的眼睛必须保持正确的高度使读数处的标线看起来是直线。当测量精确度要求高时,对贝克曼温度计也要进行校正。

市场上已有精密测量体系温差的电子温差测量仪,如SWC-Ⅱ型精密数字温度/温差仪,它不仅可以代替贝克曼温度计测量体系的温差,还具有可调报时功能。当一个计时周期完毕时,蜂鸣器将鸣叫且能将最后一个温度读数保持约5s,有利于观察和记录数据,适用于燃烧热测定等量热实验。但这种温度计还需通过标准铂电阻温度计或贝克曼温度计进行校正。

三、热电偶

将两种金属导线首尾相接[图3-4(a)],保持一个接点(冷端)的温度不变,改变另一个接点(热端)的温度,则在线路里会产生相应的热电势。这一热电势只与热端的温度有关,而与导线的长短、粗细和导线本身的温度分布无关。因此,保持一个冷端的温度不变时,只要知道热端温度与热电势的依赖关系,测得热电势后可求出热端温度,这是热电偶温度计测温的原理。

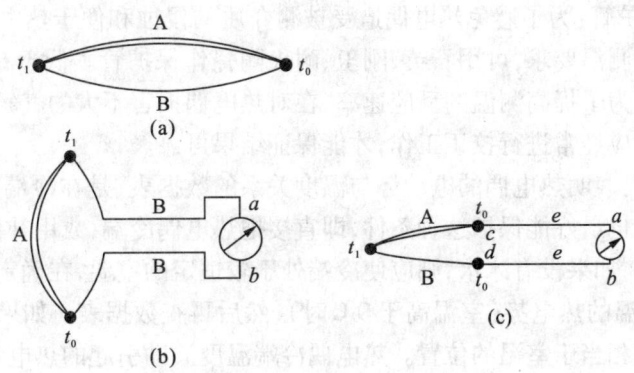

图3-4 热电偶回路示意图

为了测定热电势,需使导线与测量仪表连成回路。在图3-4(b)中将作为电偶的导线B接于毫伏表的a、b端形成回路。如果t_0保持不变,a、b接点温度一致(中间由仪表动圈的铜导线连接),则仪表导线的引入对整个线路的热电势不起影响。再如按图3-4(c)的接法,保持c、d接点温度于t_0不变,用导线e与仪表a、b端连接。只要保持a、b端温度相同,则整个线路热电势亦只取决于t_1的温度。

1. 热电偶的分类

热电偶测量温度的适用范围很广,而且容易实现远距离测量、自动记录和自动控制,因而在科学实验和工业生产中获得了广泛应用。热电偶的种类比较多,下面介绍常用的几种。

(1)铂-铂铑热电偶:通常由直径0.5mm的纯铂丝和铂铑(铂10%,铑90%)丝制成。分度号以S(旧为LB-3)表示。它可在1 300℃以内长期使用,短期内可测1 600℃。这种热电偶的稳定性和重现性均很好,因此可用于精密测温和作为基准热电偶。缺点是价格昂贵,低温区热电势太小,不适于在高温还原气氛中使用。

(2) 镍铬-镍硅(铝)热电偶：由镍铬(镍 90%，铬 10%)和镍硅(镍 95%，硅、铝、锰 5%)丝制成。分度号以 K(旧为 EU-2)表示。可在氧化性和中性介质中 900℃以内长期使用，短期可测 1 200℃。这种热电偶容易制作，热电势大，线性好，价格便宜，测量精度虽较低，但能满足一般要求，故是最常用的一种热电偶。目前我国已开始用镍硅材料代替镍铝合金，使得其在抗氧化和热电势稳定性方面都有所提高。由于两种热电偶的热电性质几乎完全一致，故可相互代用。

(3) 镍铬-考铜热电偶：由上述镍铬与考铜(铜 56%，镍 44%)丝制成。可在还原性和中性介质中 600℃以内长期使用，短期可测 800℃。

(4) 铜-康铜热电偶：由铜和康铜(铜 60%，镍 40%)丝制成。分度号以 T 表示。特点是热电势大，价格便宜，实验室中易于制作。但其再现性不佳，只能在低于 350℃时使用。

随着生产和科学技术的发展，对热电偶提出了适用范围广、使用寿命长、稳定性高、小型化和反应迅速等要求。我国已能生产在保护介质中用于 2 800℃的钨铼超高温热电偶、测低温达 −271℃的金铁-镍铬低温热电偶、快速反应的薄膜热电偶、从室温到 2 000℃的各种套管(铠装)热电偶等。

2. 热电偶的使用

(1) 热电偶保护管：为了避免热电偶遭受被测介质的侵蚀和便于热电偶的安装，使用保护管是必要的。根据测温要求，可用石英、刚玉、耐火陶瓷作保护管。低于 600℃可用硬质玻管。在实验工作中有时为了提高测温的反应速率，在对热电偶损害不大的气氛中短期使用，可以不用保护管。但这时应经常进行校正工作，才能保证结果可靠。

(2) 冷端补偿：表明热电偶的电动势与温度关系的数据表，是在冷端温度保持 0℃时得到的。因此在使用时也最好能保护这种条件，即直接把热电偶冷端，或用补偿导线把冷端延引出来，放在冰水浴中。如果没有冰水，则应使冷端处于较恒定的室温，在确定温度时，将测得的热电势加上 0℃到室温的热电势(室温高于 0℃时)，然后再查数据表。如果有直读式高温表，则应把指针零位拨到相当于室温的位置。热电偶冷端温度波动引起的热电势变化也可用补偿电桥法来补偿。市售的冷端补偿器有按冷端是 0℃或 20℃设计的。购买时要说明配用的热电偶。如热电偶长度不够，也需用补偿导线与补偿器连接。使用补偿导线时，切勿用错型号或把正负极接错。

(3) 温度的测量：要使热端温度与被测介质温度完全一致，首先要求有良好的热接触，使二者很快建立热平衡；其次要求热端不向介质以外传递热量，以免热端与介质永远达不到热平衡。

例如，当用热电偶测量管道中流动气体的温度时，由于管内气体和热端温度较管壁高，热端将不断向管壁辐射热量；同时热电偶和保护管将从温度较高的热端向温度较低的冷端传导热量。与此同时，气体不断以对流和传导的方式向热电偶补偿其损失的热量，一直达到动态平衡。由于这种传热过程的存在，气体和热端之间就存在一定温差。为了减少这一温差，可采取如下措施：①增大气体流速，即把热电偶装在流速最大的地方或装有喉管处，并把热端露出，以增大气体与热端的热交换速率；②为减少辐射损失，可在热端部位装表面光滑的防辐射罩，并将此部分管段包上良好的绝热层，以减小管壁和热端间的温差；③为减少传导损失，应增加热电偶插入深度，例如从直角弯管处平行插入管中。

还需指出，热电偶只能测得热端所在处的温度，当被测介质温度分布不均时，要用多支热电偶去测定各区域的温度,例如固定床催化剂层就是如此。

3. 热电偶的校正

通常采用比较校正法,即将被测热电偶与标准热电偶的热端露出,用铂丝捆在一起置于管式电炉中心位置,或放于管中心的金属块里。冷端则置于冰水浴中。再用切换开关使两电偶与同一电位差计相连。控制电炉缓慢升温,每隔50~100℃读取一次热电势值。如果有两台电位差计由两人同时读数,则对温度恒定的要求可放宽些;如果只用一台电位差计,或两电偶粗细不同,则对温度恒定的要求就较严格。校正结果可做成热电势与温度的关系曲线,以便应用。热电偶校正装置如图3-5所示。

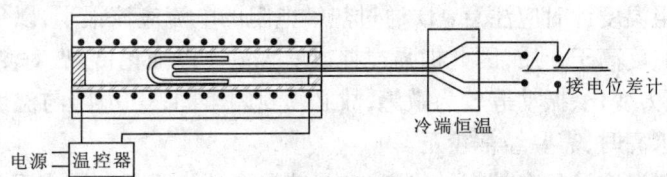

图3-5 热电偶校正装置示意图

当用指示仪表配合热电偶测温时,则可配套校正或分别校正。指示仪表的校正方法与校正毫伏计相同,即用电位差计检查其指示温度相应的毫伏读数是否与分度表规定相符。校正时需注意按仪表要求配置附加电阻。

(四)电阻温度计

1. 金属电阻温度计

铂丝的化学和物理稳定性很好,电阻随温度变化的再现性高,采用精密的测量技术可使测温的精度达到0.001℃。因此国际温标规定铂电阻温度计作为13.803 3~1 234.93K之间的基准器。

铂电阻是用直径0.03~0.07mm的铂丝绕在云母、石英或陶瓷支架上制成的。0℃时的电阻10~100Ω,用金、银或镀银铜丝作引出线,放在导热良好的保护管中。要配合电桥或适当的仪表测量温度。

近来,0℃时电阻为100Ω的Pt-100铂电阻温度传感器得到了较广泛的应用。

除铂电阻外,在-50~150℃之间还广泛采用铜电阻温度计,在上述温度范围内,铜电阻值与温度的关系是线性的。缺点是铜的比电阻小,因而感温元件无法做得很小;其次是铜易于氧化,故测温范围受到限制。

2. 热敏电阻温度计及恒灵敏度测温电桥

热敏电阻是用Fe、Ni、Mn、Mo、Ti、Mg、Cu等金属氧化物为原料熔结而成,可以做成各种形状。实验工作者最感兴趣的是珠状。金属氧化物熔结成的小珠外表被一层玻璃膜保护,由两根很细的导线引出,外套玻璃保护管(图3-6)。热敏电阻温度计的优点是:① 电阻系数大,为-3%~-6%,例如从20℃升到21℃,对电阻为2 000Ω的热敏电阻,其电阻下降约100Ω,对25Ω的铂电阻,其电阻只增加0.1Ω,因此对热敏电阻温度计用一般电桥测量电阻变化即可达0.001℃的灵敏度;② 热敏电阻温度计的阻值大,因而由于导线和接点引起的阻值变化可以忽略,从而简化测量技术;③ 热敏电阻温度计构造简单,体积小,热惯性小,反应迅速。但热敏电阻温度计尚存在稳定性欠佳,产品制造误差大,因而互换性差等缺点。随着科学技术的进步,热敏电阻温度计目前已不断取得改进,性能有明显的提高。

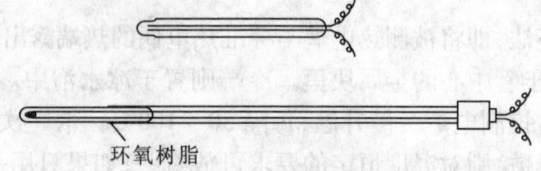

图 3-6 热敏电阻温度计示意图

使用热敏电阻温度计时应注意:① 通过热敏电阻的电流应该很小,以免温度计产生自热,使热敏电阻本身温度高于介质,因此加强搅拌或增大流速以强化传热,对测温有利;② 热敏电阻对强烈的光、压力变化、振动等较为敏感,故必须封闭牢固;③ 电阻与温度的关系不很稳定,对测温准确度要求高时,需要经常校正。

由于热敏电阻温度计具有较多的优点,在量热测定冰点降低与沸点升高、测温滴定等方面有取代贝克曼温度计的趋势。

因为热敏电阻的阻值随温度的变化不是线性的,这就给利用电桥不平衡输出进行温差的测定带来极大的不便。Pitts[①]根据测温电桥线路分析,设计出了恒灵敏度电桥,经实验检验,它在温差 15℃ 范围内能保持灵敏度不变。用贝克曼温度计检验,测定值与计算值相对误差小于 1%。

电桥线路如图 3-7 所示。随被测介质温度的升高,热敏电阻阻值将减小,其电阻随温度的变化率也减小,电桥灵敏度下降。为补偿灵敏度的下降,可增大电源电压以提高电桥灵敏度。从图 3-7 可看出,当热敏电阻 R 减小时,在电桥其他 3 个臂的电阻不变的条件下,必须增大 y 的阻值,才能维持电桥平衡,这样一来就相应减小了它与电源串联的电阻,从而提高了电源电压,起到了补偿的作用。

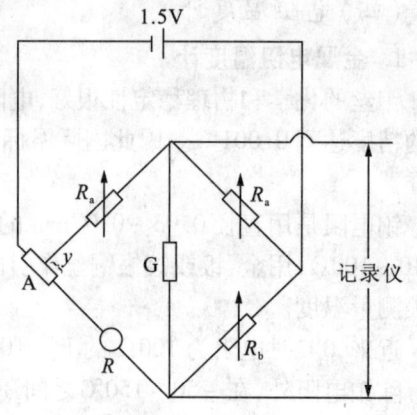

图 3-7 恒灵敏度测温电桥示意图

根据分析,为达到补偿的目的,还必须按热敏电阻的温度特性选择电桥其他电阻的阻值,其步骤如下:

(1)先将热敏电阻与标准汞温度计捆在一起同置于超级恒温水浴中,在使用温度范围内定若干点,用直流电桥或精密数字万用表,测定电阻与温度的关系,并按式(3-1)确定 a、b 常数。

$$R = a\mathrm{e}^{b/T} \tag{3-1}$$

式中,T 为热力学温度(K);R 为电阻(Ω)。

(2)设被测介质的最低、最高温度分别为 T_1 和 T_2,相应温度下热敏电阻的阻值是 R_1 和 R_2,则电位器 A 的阻值应为

$$R_\mathrm{A} = R_1 - R_2 \tag{3-2}$$

---

① Pitts E, Priestley P T. Constant sensifiviry bridge for the thermistor thermometers. J Sci Instrum,1962,39(1):75~77.

为便于电位器的选用,可将测温上下限作适当调整。

(3) 选 $R_b = R_1$。

(4) 根据式(3-2)计算出 R_a 的值。

$$\frac{1}{R_a} = \frac{2}{(R_1 - R_2)}\left[\frac{R_1}{R_2}\left(\frac{T_2}{T_1}\right)^2 - 1\right] - \frac{1}{R_1} \quad (3-3)$$

式中,T_1,T_2 为热力学温度(K)。

这样便确定了电桥的全部电阻。所选阻值都用可变电阻或电位器调定。电位器 A 可选用带指针的多圈电位器,并把指针位置与被测介质温度的关系用曲线绘出备用。

(5) 为了确定电桥灵敏度,还必须知道 $R = ae^{b/T}$ 中的 b 值,电桥电源电压 V,电阻 R_G(使用检流计时为检流计内阻,使用记录仪时可接 1kΩ 电位器),再根据下式计算电桥灵敏度:

$$\frac{dI_G}{dT} = \frac{bVR_2}{2R_1T_2^2(2R_G + R_a + R_1)} \quad (3-4)$$

式中,$\frac{dI_G}{dT}$ 为温度变化 1K 时检流计电流 I_G 的变化。当电桥输出接记录仪时,电压灵敏度为 $\frac{dI_G}{dT} \times R_G$。

设计电桥时,先应根据使用温度范围选用电桥各电阻值。例如,测定凝固点下降,使用温度应是 5~20℃(环己烷凝固点约 7℃),测燃烧热和溶解势可选本地室温上下 15℃范围,例如,10~25℃。热敏电阻必须与电桥配套使用,并选用合适的记录仪量程来适应所测温差的要求。如遇记录仪量程不合适,也可改换电阻 R_G 来改变电桥电压灵敏度。

由于电桥灵敏度与电源电压有关,因此应保持电源电压稳定,如有变化应重新确定灵敏度。

当用记录仪记录温差时,先根据已作出的关系曲线将电位器 A 调到被测介质相应的温度,然后按待测温差的大小和变化方向调整记录仪量程和记录笔位置。从温度变化前后记录曲线的峰高和电桥电压灵敏度即可算出温差值。

这种测温电桥适用于燃烧热、溶解热、凝固点降低和液体比热容测定等实验。

五、氧蒸气压温度计

从制氧厂买回的液氮都是由空气分离而来的,其中往往含有少量的氧,因而它在大气压下的沸点与纯液氮不同,故不能认为这种液氮的沸点就是纯液氮在大气压下的沸点。

由于在液氮沸点附近温度每改变 1℃,蒸气压变化 80~90mmHg,因此在 BET 法测定固体比表面时,需要精确测定吸附管冷浴的液氮温度,才能准确地确定氮的饱和蒸气压。

虽然可以用气体温度计、热电偶或铂电阻温度计测定低温温度,但它们的校正和使用都比较麻烦,氧蒸气压温度计在液氮沸点附近使用简单可靠,准确度高。

氧蒸气压温度计是由测定纯氧的饱和蒸气压来确定相应温度的简单装置。纯氧和纯氮的蒸气压与温度的关系如表 3-1 所示。从表 3-1 中可看出,在液氮正常沸点(77.3K)下,氧的蒸气压为 154mmHg;在 78.3K 则为 178mmHg,温度变化 1℃,蒸气压改变 24mmHg。如测定蒸气压的准确度能达 ±2.4mmHg,就能使测温准确度达 ±0.1℃。

氧蒸气压温度计构造如图 3-8 所示。图中 c 为 U 形真空计,用于测液氮温度时,最多只需 500mm 高就够用了;b 为容积 10~15mL 的玻璃泡,测温时将其浸入待测液氮中,在这里有

表 3-1 77~84K 氮和氧的饱和蒸气压(mmHg)①

温度/K		0.0	0.1	0.2	0.3	0.4	0.5	0.6	0.7	0.8	0.9
77	N_2	729.27	737.9	746.6	755.4	764.3	733.3	782.3	791.5	800.6	809.9
	O_2	147.98	150.20	152.30	154.46	156.75	159.05	161.37	163.86	166.25	168.69
78	N_2	819.3	828.8	838.4	347.9	857.6	867.5	377.3	887.2	897.1	907.2
	O_2	171.15	173.67	176.08	178.50	181.15	183.73	186.42	189.03	191.65	194.36
79	N_2	917.4	927.8	938.4	948.6	959.2	968.8	980.6	991.3	1 002.2	1013.2
	O_2	197.10	199.85	202.67	205.45	208.32	211.30	214.12	217.07	220.05	223.07
80	N_2	1 024.3	1 035.4	1 046.7	1 058.2	1 069.4	1 080.8	1 092.6	1 104.3	1 116.1	1 127.9
	O_2	226.12	229.20	232.32	235.47	238.65	241.86	245.12	248.41	251.75	255.09
81	N_2	1 139.9	1 152.0	1 164.1	1 176.3	1 188.8	1 201.2	1 212.7	1 226.4	1 229.1	1 251.9
	O_2	258.48	261.91	265.38	268.88	272.43	276.00	279.62	283.30	286.93	290.67
82	N_2	1 264.9	1 277.9	1 291.0	1 303.8	1 317.5	1 330.9	1 344.5	1 358.0	1 371.7	1 385.6
	O_2	294.44	298.24	302.07	305.98	309.87	313.84	317.84	321.88	325.96	330.07
83	N_2	1 399.4	1 413.5	1 427.6	1 441.8	1 456.1	1 470.5	1 485.1	1 499.7	1 514.4	1 529.2
	O_2	334.23	338.45	342.69	346.95	351.30	355.68	360.09	364.55	369.05	373.59
84	N_2	1 544.2	1 559.2	1 574.4	1 589.6	1 605.0	1 620.4	1 636.0	1 651.7	1 667.4	1 683.3
	O_2	378.18	382.81	387.52	392.21	396.98	401.79	406.65	411.55	416.49	421.50

部分氧冷凝;a 为贮氧泡,容积为 100~150mL,有了它就可使 b 泡中形成足够的液态氧。使用时将 b 泡浸入待测液氮中,达平衡后,读出 c 的汞高差,即为氧的蒸气压力,从表 3-1 中读出与此蒸气压相应的温度即为液氮温度,再从表 3-1 中查出此温度下氮的饱和蒸气压力。

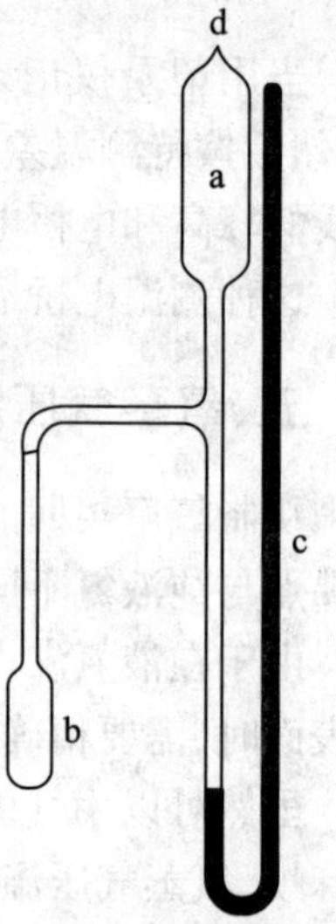

氧蒸气压温度计的制造比较简单。用硬质玻璃按图 3-8 的形式做好后,留 d 管不封口,将其水平放置,从 d 注入需要量的干净汞于 a 泡中。将 d 接真空汞,抽空到 1Pa,同时可将玻璃部分加热除气。然后慢慢使之倾斜,让汞充满 U 形管中。把仪器垂直装好,于 d 管按三通旋塞,使分别接纯氧气源和真空泵。仪器先与真空泵接通,抽空后,使三通转向,让纯氧进入仪器。然后再抽空,再进纯氧,反复多次,最后装好纯氧,在内部压力略高于大气压下用火焰使 d 处玻管熔封。

纯氧可由高锰酸钾热分解而来,其详细制备方法可查阅有关书籍。

二、温度控制

图 3-8 氧蒸气压温度计示意图

物质的物理性质和化学性质,如密度、黏度、蒸气压、折射率、化学反应平衡常数、化学反应速率常数等都与温度密切相关。许多物理化学实验都必须在恒温下

---

① 蒸气压温度计测得的压力单位常是 mmHg。可按表列数据换算为 Pa。

进行。

(一)恒温槽

恒温槽是实验工作中常用的一种以液体为介质的恒温装置。用液体作介质,优点是热容量大和导热性好,从而使温度控制的稳定性和灵敏度大为提高。根据温度控制的范围,可采用下列液体介质:

-60~30℃——乙醇或乙醇水溶液;

0~90℃——水;

80~160℃——甘油或甘油水溶液;

70~200℃——液体石蜡、气缸润滑油、硅油。

恒温槽通常由槽体、温度传感器、控温执行机构、加热器(或冷却器)、搅拌器和精密温度计组成,如图3-9所示。其控制温度的简单原理是:当所控温度高于室温时,温度传感器将命令控温执行机构使加热器加热(或增大加热功率);而当槽温升至指定温度时,则命令执行机构使加热器停止加热(或迅速减小加热功率)。由于加热器有热惯性,故槽温将在一微小区间内波动。

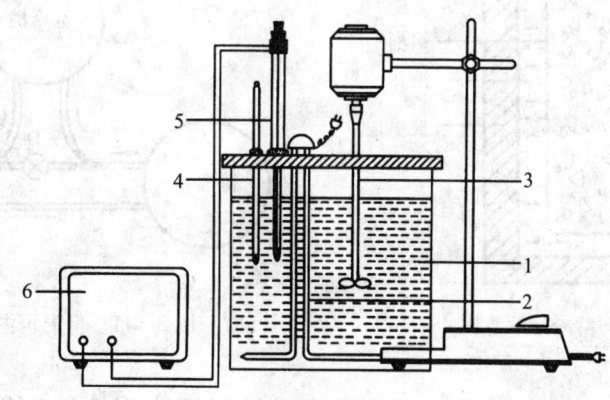

图3-9 恒温槽示意图

1.槽体;2.加热器;3.搅拌器;4.温度计;5.温度传感器;6.控温仪

1. 槽体

如果控制的温度同室温相差不是太大,则用敞口大玻缸作为槽体是比较满意的。对于较高和较低温度,则应考虑保温问题。具有循环泵的超级恒温槽,有时仅作供给恒温液体之用,而实验则在另一工作槽中进行。

2. 加热器及冷却器

如果要求恒温的温度高于室温,则需不断向槽中供给热量以补偿其向四周散失的热量;如恒温的温度低于室温,则需不断从恒温槽取走热量,以抵偿环境向槽中的传热。在前一种情况,通常采用电加热器间歇加热(或改变加热功率)来实现恒温控制。对电加热器的要求是热容量小,导热性好,功率适当。选择加热器的功率最好能使加热和停止加热的时间约各占一半。对低温恒温槽就需要选用适当的冷冻剂和液体工作介质。表3-2列出常用的几种冷冻剂和液体工作介质。

表 3-2　几种常用的冷冻剂和液体工作介质

能达到的温度/℃	冷冻剂	液体工作介质
+5	冷水	水
-3	1 份食盐 +3 份冰	20% 食盐溶液
-60	干冰	乙醇

通常是把冷冻剂装入蓄冷桶(图 3-10)中(使用干冰时应加甲醇以利热传导),配合超级恒温槽使用。由超级恒温槽的循环泵送来的工作液体在夹层中被冷却后,再返回恒温槽进行温度的精密调节。如果不是在恒温槽中进行实验,则可按图 3-11 的流程连接。根据所需冷量的大小,可利用旁路活门 D 调节通向蓄冷桶的流量。

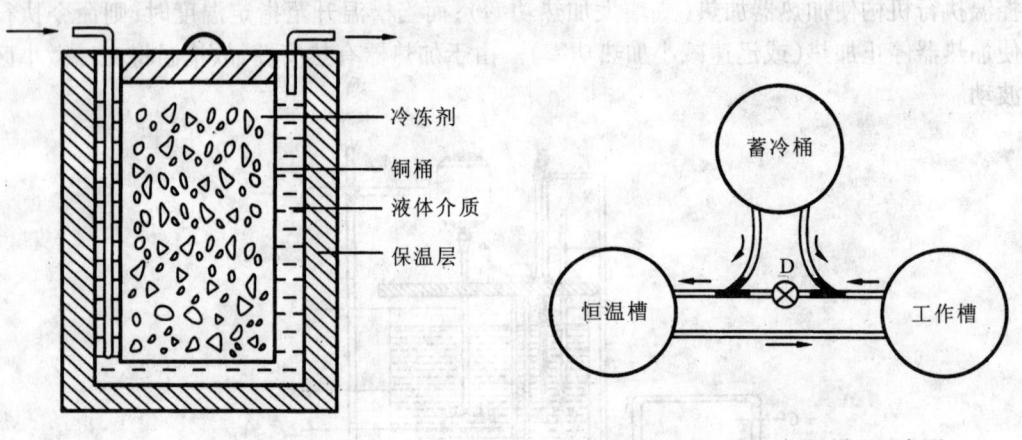

图 3-10　蓄冷桶示意图　　　　图 3-11　低温恒温循环示意图

如果实验室有现成的致冷设备,要将其冷冻剂通过恒温槽的冷却盘管,或使工作液体通过浸于冷冻剂中的冷却盘管来达到降温目的。

当控制温度不低于 5℃ 时,最简单的办法是在恒温槽中装一个盛冰块的多孔圆筒,并经常向其中补加冰块作为冷源,再由恒温槽进行温度的精密调节。

为了节省冷冻剂,过冷的工作液体回到恒温槽作温度精密调节时,加热器加热时间不应太长,一般控制加热和停止加热的时间比例在 1:(10~20)之间(例如每隔 60s 加热 4s)。

3. 温度传感器

比较简单、使用较普遍的是汞定温计(图 3-12)。它与汞温度计不同之处在于毛细管中悬有一根可上下移动的钨丝。从汞球也引出一根金属丝,两根金属丝再与控温执行机构连接。

在定温计上部装有一根可随管外永久磁铁旋转而转动的螺杆 5,螺杆上有一指示铁(螺帽)3 与钨丝 4 相连,当螺杆转动时,螺帽上下移动,即能带动钨丝上升或下降。

由于汞定温计的分度较粗,故只能作为温度传感器,而不能作为温度的指示器。恒温槽的温度另由精密温度计指示。调节温度时,先转动调节帽 1,使指示铁上端与辅助温度标尺相切的温度示值较希望控制的温度低 1~2℃。

当加热至汞柱与钨丝接触时,定温计导线成通路,给出停止加热的信号(可从执行机构的指示灯辨识)。这时观察槽中的精密温度计,根据其与控制温度差值的大小,进一步调节钨丝尖端的位置。反复进行,直到指定温度为止。最后将调节帽上的固定螺丝2旋紧,使之不再转动。

汞定温计的控温灵敏度通常是±0.1℃,最高可达±0.05℃,已能满足一般实验的要求。当要求更高的控温精度时,可自己安装汞-甲苯球。对于要求不高的水浴锅则可用更简单的双金属温度控制器。

4. 控温执行机构

常用的执行机构有两类:一类是配合汞定温计,由继电器和控制电路组成的电子继电器。从汞定温计发来的通、断信号,经控制电路放大后,推动继电器去开、停加热器。图3-13是一种较简单的电子继电器的线路图。电子继电器控制温度的灵敏度很高。通过定温计的电流量最多不超过$30\mu A$,因而定温计的寿命很长。

另一类是配合以热敏电阻(包括铂电阻、集成温度传感器等)为温度传感器的电子线路。它的基本原理是:对传感器电阻输出的信号与标准信号(由要求的恒温温度设定的电阻来确定)进行比较,结果经电子放大器放大,使双向可控硅的导通角根据偏差信号的大小增大或减

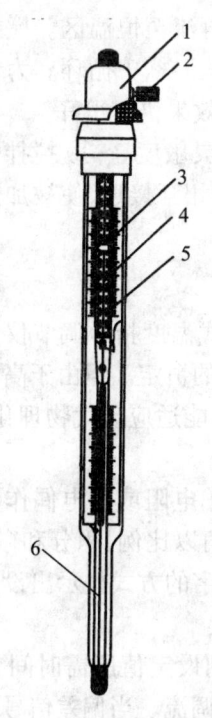

图3-12 汞定温计示意图
1. 调节帽;2. 固定螺丝;3. 指示铁;
4. 钨丝;5. 螺杆;6. 汞柱

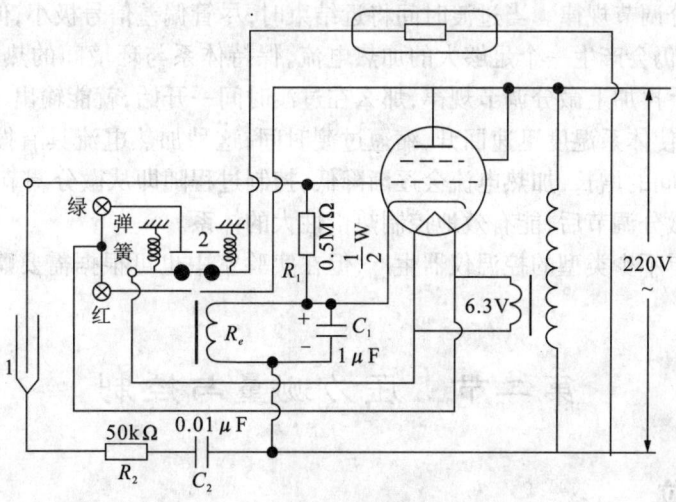

图3-13 恒灵敏度测温电桥线路图

小,从而使加热器的功率随之相应地减小或增大,进而达到自动控温的目的。

5. 搅拌器

加强液体介质的搅拌,对保证恒温槽温度均匀起着非常重要的作用。搅拌器的功率、安装位置和桨叶的形状,对搅拌效果有很大影响。恒温槽愈大,搅拌功率也该相应增大。搅拌器应

装在加热器上面或与加热器靠近,使加热后的液体及时混合均匀再流至恒温区。搅拌桨叶应是螺旋桨式或涡轮式,且有适当的片数、直径和面积,以使液体在恒温槽中循环。为了加强循环,有时还需要装导流装置。在超级恒温槽中用循环泵代替搅拌,效果仍然很好。

设计一个优良的恒温槽应满足的基本条件是:① 温度传感器灵敏度高;② 搅拌强烈而均匀;③ 加热器导热良好而且功率适当;④ 搅拌器、定温计和加热器相互接近,使被加热的液体能立即搅拌均匀并流经温度传感器及时进行温度控制。

（二）电炉温度控制

20世纪中、后期,高温电炉常用热电偶作为温度传感器,动圈式温度指示调节仪为执行机构对高温电炉的加热元件进行通、断二位置控制,以维持电炉温度的恒定。但由于高温电炉的热惰性较大,因此这种方式的控温品质较差(即温度波动较大),不能适应现代物理化学实验,特别是科学研究中对温度控制的要求。

随着电子技术的飞速发展,目前高温电炉的温度控制则采用铂电阻或热电偶作为温度传感器,配合适当的电子线路,或启、闭继电器或改变可控硅的导通角以比例、积分和微分(简称PID)方式控制高温电炉的温度,并经A/D转换器在显示屏上以数字的方式显示出设定温度或电炉温度。这种控温方式的精度已能满足目前多数实验的要求。

所谓PID控制,是指在过渡时间(被控体系受到扰动后恢复到设定值所需时间)内,能按偏差信号的变化规律,自动地调节通过加热器的电流,故又称自动调流。当偏差信号一开始很大时,加热电流也很大;当偏差信号逐渐变小时,加热电流会按比例相应地降低,这就是所谓比例调节规律,它有效地克服了二位控制引起的温度波动。但当被控体系温度达到设定值时,偏差为零,加热电流也将为零,就不能补偿体系向环境的热耗散,体系温度必然下降。因此需在此基础上加上积分调节规律。当过渡时间将近结束时,尽管偏差信号极小,但因其在前期有偏差信号的积累,故仍会产生一个足够大的加热电流,保持体系与环境间的热平衡。如在比例、积分调节的基础上再加上微分调节规律,那么在过渡时间一开始,就能输出一个较比例调节大得多的加热电流,使体系温度迅速回升,缩短过渡时间,这种加热电流具有按微分指数曲线降低的规律,随着时间的增长,加热电流会逐渐降低,控制过程随即从微分调节过渡到比例、积分调节规律。加上微分调节后,能有效地控制热惰性大的体系。

目前国内已有不少类型的控温仪器生产,但在实验室中也可根据需要购买必要的仪表和元件自己组装。

第二节 压力测量与控制

一、压力单位

压力是指均匀垂直作用于物体单位面积上的力,即压强。在国际单位制(SI)中,压力的单位是帕斯卡(Pa),即牛顿每平方米($N \cdot m^{-2}$)。历史上常用的如下单位与其关系是:

1. 标准大气压(atm)

标准大气压过去也被称为物理大气压,它的定义为1atm = 101 325Pa。

2. 毫米汞柱(mmHg)

毫米汞柱作为压力单位的定义为:在汞的标准密度为13.595 1$g \cdot cm^{-3}$和标准重力加速度

为 980.665cm·s^{-2}下,1mm 的汞柱对底面的垂直压力。所以 1mmHg = 133.322Pa。

3. 巴(bar)

巴是在气象学上广泛应用的压力单位,它与 Pa 的关系为 1bar = 10^{5}Pa。

4. 工程大气压(kgf·cm^{-2})

指作用于 1cm^2 的面积上有 1kgf 的力,它虽是非法定单位,但在工程技术上曾是广泛应用的压力单位。1kgf·cm^{-2} = 9.806 65 × 10^{4}Pa。

二、U 形液柱压力计

(一)开式、闭式 U 形压力计与零压计

U 形液柱压力计由于它制作容易,使用方便,能测量微小的压差,而且准确度也较高。实验室中广泛用于测量压差或真空度。

图(3-14a)为两端开口的 U 形压力计。液面高度差 h 与压差($p_1 - p_2$)有如下关系:

$$h = \frac{1}{\rho g}(p_1 - p_2) = \frac{1}{\rho g}\Delta p_t \tag{3-5}$$

式中,ρ 为 U 形管内液体密度,g 为重力加速度。由式(3-5)可见,液柱高与压差成正比,故可用 h 数值表示。显然,选用液体的密度愈小,测量的灵敏度愈高。常用的液体是油、水或汞。液面差靠肉眼观察可精确到约 ±0.2mm,若用测高仪,可进一步提高精度。

由于 U 形压力计两边玻璃管的内径难以完全相等,因此 h 值不可用一边的液柱高度变化乘以 2 来确定,以免引进读数误差。

测量低于 20kPa(约相当于 150mmHg)的压力,常用闭式 U 形汞压力计,如图 3-14(b)所示。其封闭端上部为真空,图中汞柱高 h 即代表系统压力。与开口式比较,使用时不必测量大气的压力。

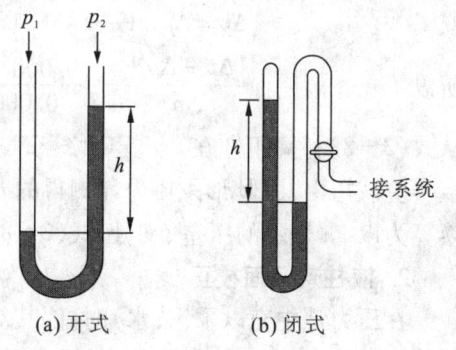

图 3-14 U 形压力计示意图

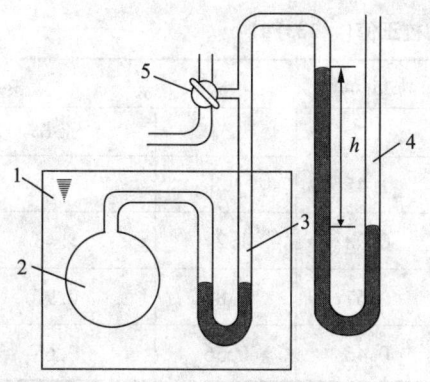

图 3-15 零压计测压装置示意图
1. 恒温槽;2. 样品瓶;3. 零压计;
4. U 形压力计;5. 三通活塞

在测定某一恒温系统的压力时(如固体分解压力、气相反应平衡压力等),因为 U 形汞压力计体积较大,很难组合在恒温系统中,所以常借助于零压计与 U 形汞压力计配套使用。其装置如图 3-15 所示。通过调节三通活塞 5,使零压计两边液面相平,这时,从外接的 U 形汞压力计上即可读得某温度下系统的压力。

零压计中的液体通常选用硅油或石蜡油,因其蒸气压小(当然不能与系统中的物质有化学作用)。当它与 U 形汞压力计连用时,因硅油的密度与汞相差甚大,故零压计中两液面若有微小高度差,可以忽略不计。若零压计中充以汞,在计算时则要考虑两汞面之间的高度差。

(二)汞柱压力计读数的校正

1. 温度校正

由于 mmHg 作为压力单位是用汞标准密度定义的,所以汞柱压力计的测量值必须进行温度校正。

汞的体膨胀系数为 $\beta = 1.815 \times 10^{-4}\,℃$(压力计木标尺的线膨胀系数为 $\alpha \approx 10^{-6}\,℃$),$\rho_0$、$\rho_t$ 分别为汞标准密度与温度 t 时的密度,h、h_t 分别为校正到汞标准密度与温度 t 时从标尺上读到的汞柱高度。根据

$$\rho_0 = \rho_t(1+\beta t)$$

则

$$h\rho_0 g = h_t(1+\alpha t)\rho_t g$$

$$h = h_t\left(1 - \frac{\beta - \alpha}{1+\beta t}t\right) \tag{3-6}$$

因木标尺的 α 值很小,对测量值的影响可忽略不计,则

$$h = \frac{h_t}{1+\beta t} \approx h_t(1 - 0.000\,18t) \tag{3-7}$$

或

$$\Delta p = \Delta p_t(1 - 0.000\,18t) \tag{3-8}$$

所以

$$\frac{|\Delta p - \Delta p_t|}{\Delta p} = \frac{0.000\,18t}{1 - 0.000\,18t}$$

从式(3-8)计算可知在 $t = 25\,℃$ 时若不进行温度校正,引入的相对误差约为 0.5%。

应该指出,用 U 形汞压力计测得的 h_t(mm)应根据 $1\,\text{mmHg} = 1.333 \times 10^2\,\text{Pa}$ 的关系式将它换算为以 Pa 表示的压差 Δp_t,按式(3-8)进行温度校正。

2. 液柱弯月面校正

在压力计中充以汞(或水)时,因其对玻璃润湿情况不同,分别形成凸弯月面与凹弯月面。读数时视线应与弯月面相切。汞的表面张力较大,由标尺读得的压力值比实际的要低,故在精确测量时应加上弯月面校正值。此校正值不仅与玻璃管的内径大小有关,还与管壁清洁程度有关。所以,同一管径的 U 形玻璃管中两边液柱的弯月面也会有不同的高度。表3-3 列出不同管径的玻璃管内汞弯月面高度的校正值。

表3-3 在玻璃管内汞弯月面的校正值($\times 133\,\text{Pa}$)

管径/mm	弯月面高度/mm					
	0.6	0.8	1.0	1.2	1.4	1.6
5	0.65	0.86	1.19	1.45	1.8	/
6	0.41	0.56	0.78	0.98	1.21	1.43
7	0.28	0.40	0.53	0.67	0.82	0.97
8	0.20	0.29	0.38	0.46	0.56	0.65

[例3.2] 玻璃管内径为 6mm,汞弯月面高度为 1.2mm 时,其汞弯月面校正值为 $0.98 \times 133 = 130\,(\text{Pa})$。

三、气压计使用与读数校正

(一)结构与使用

测量大气压力,实验室用得最普遍的是福廷(Fortin)式气压计,图3-16 主要部分是一根插入储汞槽8内的玻璃管1。此玻璃管顶端封闭,内部真空。槽中的汞面7经槽盖缝隙与大气相通,管内汞柱高度表示了大气压力。玻璃管外为一黄铜管,其顶部开有长方形窗孔,窗孔旁附刻度黄铜标尺3及游标尺2,转动螺旋4使游标尺2上下移动,可精确测得汞柱高度。黄铜管中部附有温度计10,用以对读数进行温度校正。储汞槽8的底部为一皮袋,下部由调节螺旋9支撑,转动此螺旋可调节汞面的高低。储汞槽8上部有一针尖向下的固定象牙针6。其针尖即为标尺的零点。

气压计应垂直悬挂。使用时首先调节零点,即旋转底部螺旋9,调节储汞槽8的汞面恰与象牙针尖接触(调节时利用槽后白瓷板的反光,仔细观察汞面与针尖的空隙逐渐减少),然后转动螺旋4调节游标尺2,直到游标尺2下缘恰与汞柱的凸弯月面相切(此时在切点两侧应露出似三角形的小空隙),即可从黄铜标尺3与游标尺2上读取读数。

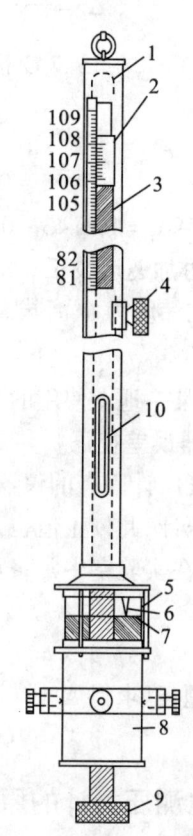

图3-16 福廷式气压计结构图
1.抽真空玻璃管;2.游标尺;3.黄铜标尺;
4.螺旋;5.玻璃管;6.零点象牙针;7.汞面;
8.储汞槽;9.调节螺旋;10 温度计

(二)读数及其校正

读数时找出与游标尺2零线对应的黄铜标尺上的刻度,读出整数部分,另在游标尺2上读出小数点后的读数,并记下气压计上的温度值。

由于黄铜标尺的长度与汞的密度都随温度而变,且重力加速度与地球纬度有关,所以由气压计直接读出的以 mm 表示的汞柱高度常不等于定义的气压 p。为此,必须进行温度和重力加速度的校正。此外,还需对气压计本身的误差进行校正。

1. 温度校正

若 p_t 是在温度为 t 时于黄铜标尺上读得的气压读数,已知汞的体膨胀系数为 β,黄铜标尺的线膨胀系数为 α,参照式(3-6)则有

$$p = p_t \left(1 - \frac{\beta - \alpha}{1 + \beta t} t \right)$$

令 Δ_t 为温度校正项,显然

$$\Delta_t = \frac{(\beta - \alpha)t}{1 + \beta t} p_t \tag{3-9}$$

所以

$$p = p_t - \Delta_t \tag{3-10}$$

已知汞的平均体膨胀系数 $\beta = 0.0001815℃$,黄铜标尺的线膨胀系数 $\alpha = 0.0000184℃$,则

Δ_t 可简化为

$$\Delta_t = \frac{0.0001631t}{1 + 0.0001815t} p_t \qquad (3-11)$$

[例3.3] 在15.7℃下从气压计上测得气压读数 $p_t = 100.43\text{kPa}$,求经温度校正后的气压值。

$$\Delta_t = \frac{0.0001631 \times 15.7}{1 + 0.0001815 \times 15.7} \times 100.43 = 0.26(\text{kPa})$$

所以 $p = p_t - \Delta_t = 100.43 - 0.26 = 100.17(\text{kPa})$。

2. 重力加速度校正

已知在纬度为 θ、海拔高度为 H 处的重力加速度 g 和标准重力加速度 g_0 的关系式是

$$g = (1 - 0.0026\cos 2\theta - 3.14 \times 10^{-7} H) g_0 \qquad (3-12)$$

可见,对在某一地点使用的气压计而言,θ、H 均为定值,所以此项校正值为一常数。

3. 仪器误差校正

此项气压计固有的仪器误差值,是由气压计与标准气压计的测量值相比较而得的。对一指定的气压计,此校正值也是常数。

因此,在实验室中常将重力加速度和仪器误差这两项校正值合并,设其为 Δ,则大气压力 $p_{大气}$ 应为:

$$p_{大气} = p_t - \Delta_t - \Delta \qquad (3-13)$$

由上述例题,已求得 $\Delta_t = 0.26\text{kPa}$,若 $\Delta = 0.12\text{kPa}$,则

$$p_{大气} = 100.43 - 0.26 - 0.12 = 100.05(\text{kPa})$$

四、电测压力计的原理

电测压力计是由压力传感器、测量电路和电性指标器3部分组成。压力传感器感受压力并把压力参数变换为电阻(或电容)信号输到测量电路,测量值由指示仪表显示或记录。电测压力计有便于自动记录、远距离测量等优点,应用日益广泛。用于测量负压的电阻式 BFP-1 型负压传感器即为一例。

BFP-1 型负压传感器外形及结构如图 3-17 所示,它的工作原理是:有弹性的应变梁2,一端固定,另一端和连接系统的波纹管1相连,称为自由端。当系统压力通过波纹管底部作用在自由端时,应变梁便发生挠曲,使其两侧的上下4块 BY-P 半导体应变片3因机械变形而引起电阻值变化。

测量时,利用这4块应变片组成的不平衡电桥(在应变梁同侧的两块分别置于电桥的对臂位置),如图 3-18 所示。在一定的工作电压 U_{AB} 下,首先调节电位器 R_x 使桥路平衡,即输出端的电位差 U_{CD} 为零。这表示传感器内部压力恰与大气压相等。随后将传感器接入负压系统,因压力变化导致应变片变形,电桥失去平衡,输出端得到一个与压差成正比的电位差 U_{CD},通过电位差计(或数字电压表)即测出该电位差值。利用在同样条件下得到电位差-压力的工作曲线,即可得到相应的压力值。

在使用传感器之前,要先作测量条件下的标定工作,即求得输出电位差 U_{CD} 与压差 Δp 之间的比例系数 $k = \Delta p / U_{CD}$,以便确定不同 U_{CD} 下对应的 Δp 值。在对于精度要求不十分高的情况下,可按图 3-19 装置进行标定。在一定的 U_{AB} 下,通过真空泵对系统造成不同的负压,从 U

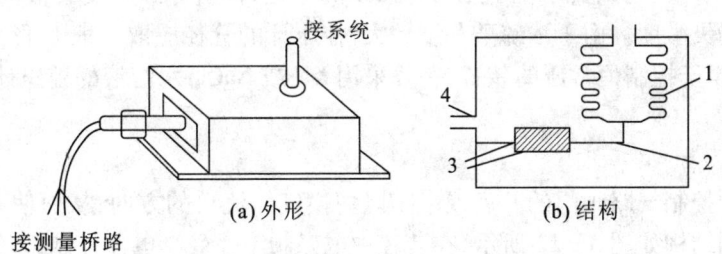

图 3-17 BFP-1 型负压传感器示意图

1. 波纹管；2. 应变梁；3. BY-P 半导体应变片；4. 接口

形汞压力计和电位差可测得相应的 Δp 和 U_{CD} 值。用按式(3-8)经温度校正后的 Δp 值对 U_{CD} 作图,直线的斜率即为此传感器的 k 值。

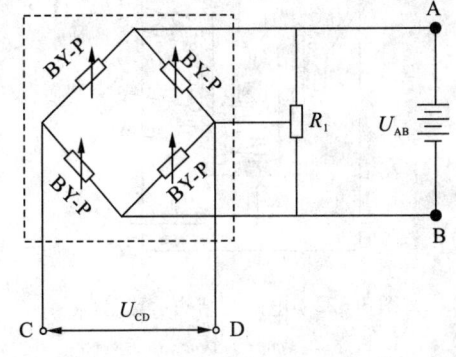

图 3-18 负压传感器测压原理图

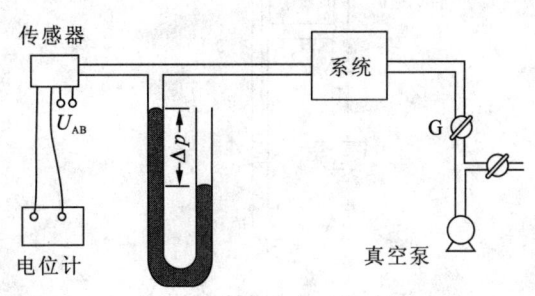

图 3-19 负压传感器标定装置图

五、恒压控制

实验中常要求系统保持恒定的压力(如 101 325Pa 或某一负压),这就需要一套恒压装置。其基本原理如图 3-20 所示。在 U 形的控压计中充以汞(或电解质溶液),其中设有 a、b、c 3 个电接点。当待控制的系统压力升高到规定的上限时,b、c 两接点通过汞(或电解质溶液)接通,随之电控系统工作使泵停止对系统加压;当压力降到

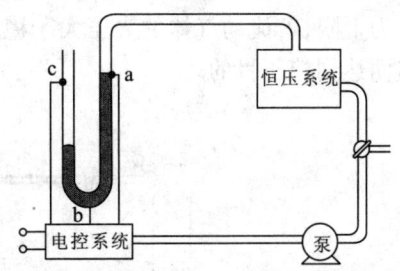

图 3-20 控压原理示意图

规定的下限时,a、b 接点接通(b、c 断路),泵向系统加压,如此反复操作以达到控压目的。

1. 控压计

常用的是如图 3-21 所示的 U 形硫酸控压计。在右支管中插一铂丝,在 U 形管下部接入另一铂丝,灌入浓硫酸,使液面与上铂丝下端刚好接触。这样,通过硫酸在两铂丝间形成通路。使用时,先开启左边活塞,使两支管内均处于要求的压力下,然后关闭活塞。

若系统压力发生变化,则右支管液面波动,两铂丝之间的电信号时通时断地传给继电器,以此控制泵或电磁阀工作,从而达到控压目的(这与电接点温度计控原理相同)。控压计左支

管中间是扩大球,其作用是只要系统中压力有微小的变化,都会导致右支管液面较大的波动,从而提高了控压的灵敏度。由于浓硫酸黏度较大,控压计的管径应取一般 U 形汞压力计管径的 3～4 倍为宜。至于控制恒常压的装置,一般采用 KI(或 NaCl)水溶液的控压计,就可取得很好的灵敏度。

2. 电磁阀

它是靠电磁力控制气路阀门的开启或半闭以切换气体流出的方向,从而使系统增压或减压。常用的电磁阀结构如图 3-22 所示,在装置中电磁阀工作受继电器控制,当线圈 2 中未通电时,铁心 4 受弹簧 5 压迫,盖住出气口通路,气体只能从排气口流出。当线圈 2 通电时,磁化了的铁箍 1 吸引铁心 4 往上移动,盖住了排气口通路,同时把出气口通路开启,气体从出气口排出。这种电磁阀称为二位三通电磁阀。

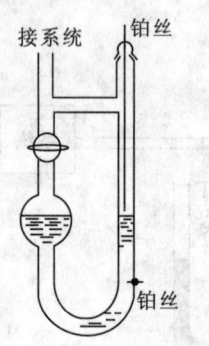

图 3-21 U 形硫酸控压计

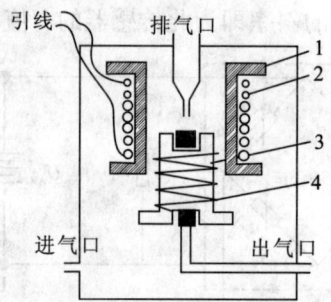

图 3-22 电磁阀结构示意图
1. 铁箍;2. 线圈;3. 铁心;4. 弹簧

图 3-23 为另一种利用稳压管控制流动系统压力的装置。从钢瓶输出的气体,经针形阀 3 与毛细管 4 缓冲后,再经过水柱稳压管 5 流入系统。通过调节水平瓶的高度,给定了流动气体的压力上限,若流动气体的表压大于稳压管中水柱的静压差 h,气体便从水柱稳压管的出气口逸出而达到控压目的。

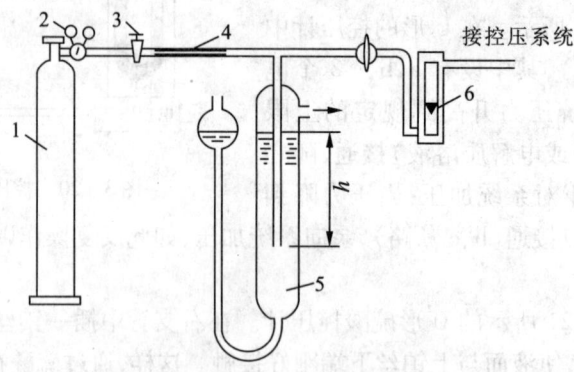

图 3-23 流动系统控压流程示意图
1. 钢瓶;2. 减压阀;3. 针形阀;4. 毛细管;5. 水柱稳压管;6. 流量计

第三节 电学测量技术

一、电桥

(一) 直流电流

图 3-24 是直流电桥的原理图。R_1、R_2、R_3 和 R_4 分别表示电桥的 4 个臂的电阻,电源和检流计分别接对角线 AB 和 CD。接通电源后,调整电阻至检流计无电流通过,这时称电桥达到平衡,C、D 两点电位相等,因此

$$I_1R_1 = I_3R_3, I_2R_2 = I_4R_4$$

两式相除,得

$$\frac{I_1R_1}{I_2R_2} = \frac{I_3R_3}{I_4R_4} \tag{3-14}$$

因 C、D 两点无电流通过,故

$$I_1 = I_2, \ I_3 = I_4$$

所以

$$\frac{R_1}{R_2} = \frac{R_3}{R_4} \tag{3-15}$$

若 R_1 是未知电阻,R_2 是可调变电阻,R_3、R_4 是固定电阻,调节 R_2 使电桥达到平衡就可由式 (3-15) 求出未知电阻 R_1 的值。

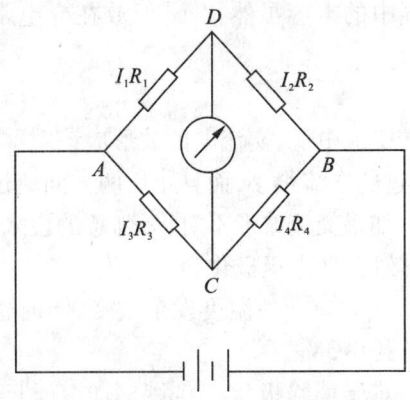

图 3-24 直流电桥原理图

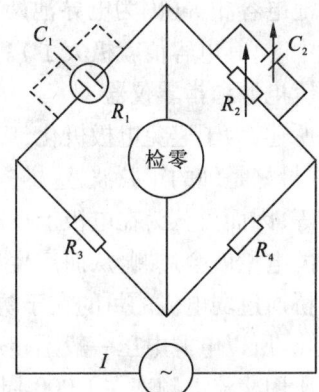

图 3-25 交流电桥法原理图
R_1 为电导池;I 为高频交流电源

(二) 交流电桥

在电解质溶液中插入惰性电极并通入直流电时,常伴随有电解现象,使溶液组成发生变化。所以不能利用直流电桥来进行溶液电导的测量。通常利用较高频率的交流电源,以避免电解作用。电源是交流电源的电桥称交流电桥(图 3-25),交流电桥可用于电阻、电容和电感的测量。

1. 交流电桥的平衡条件

交流电通过导体漏电的原因较为复杂,除了绝缘不良可能漏电外,还可能通过电路各部分

之间的电容耦合而漏电,漏电现象随频率增高而加大。另外,由于电导池的两极片形成电容,使 R_1、R_2 两支线的电流不同相位,从而使平衡指示器难于找到平衡点。

对于交流电,欧姆定律表达式如下

$$E = IZ \tag{3-16}$$

式中,Z 为电路的阻抗。

这时交流电桥平衡的条件如下

$$\frac{I_1 Z_1}{I_2 Z_2} = \frac{I_3 Z_3}{I_4 Z_4} \tag{3-17}$$

如果电桥电路对地没有漏电,电桥各部分之间也不漏电,各支线间也没有互感,平衡时有

$$I_1 = I_2, \ I_3 = I_4$$

因此交流电桥不是电阻平衡,而是阻抗平衡。实际用作测量的交流电桥,R_3、R_4 是用结构相同的无感电阻做成,因而可认为

$$Z_3 = R_3, \ Z_4 = R_4$$

考虑到电导池两极片形成的电容,因此在和电导池相邻的 R_2 并联一个与电导池电容 C_1 相等的电容 C_2,就可以满足交流电桥平衡条件。

总的说来,用交流电桥测定溶液电阻应做到:①不应漏电;②相邻两臂的相位角应相等。为了满足第一个条件,需要合理安排电桥元件的位置,使它们相互之间以及与外界磁场之间保持一定距离,以减少相互耦合,同时应对元件采取完善的电磁屏蔽和接地措施,使各种电磁耦合对测量的影响减至最小。为满足第二个条件,主要是调整与电导池相邻的一个臂的电容,使之与电导池电容相等(因为电导池两平行电极在空气中的电容虽然很小,但放在介电常数大的水溶液中时,其电容值就极大了)。

2. 交流电源和指零仪器

如前所述,为了避免电极极化,应采用较高频率的交流电源,交流电的波形应该对称,谐波系数要小,最好是纯的正弦波,这样一来,每周之间通过的电流很小,而且正反两方向流过的电量完全相等,因而可认为在电极上没有化学反应发生,如果交流波形不对称,则总的说来,某一方向通过的电量就会过剩,从而产生与直流电相同的效应,使电极极化。

使电桥通过弱电流的目的在于防止电导池中产生热效应而使温度发生改变,同时也是为了减少极化,所以电源电压一般不超过 10V,甚至可低到 0.3V。

通常所用交流电频率在 1 000 周左右,频率过低,难于消除极化,增高频率虽有利于消除极化,但漏电现象对测量的影响就更加严重,所以对高阻溶液宜采用低频。

用示波器指零的灵敏度很高,但设备较贵。

3. 电导池

为了防止极化,一般都用镀铂黑的铂电极,但铂黑也可能对某些物质起催化作用,也可能从溶液中吸附溶质,从而改变溶质浓度,这对特别稀的溶液就更为严重,这时就宁愿用光铂电极,为了减少测量误差,可以适当改变电导池结构,以适应测量不同电阻范围的需要,对电阻大的溶液宜用面积大、距离近的电极,对电阻小的溶液宜用面积小、距离大的电极,实质上就是要求电导池常数不同。电解质水溶液的电导率通常在 $10 \sim 10^{-5} \Omega^{-1} \cdot m^{-1}$ 之间,故要准备 3 种不同电导池常数的电导池。

电导池常数可用已知电导率的 KCl 溶液来测量。25℃时不同浓度的 KCl 溶液电导率如表

3-4 所示。

表3-4　25℃时不同浓度的 KCl 溶液电导率

$c/(\mathrm{mol}\cdot\mathrm{dm}^{-3})$	1	0.1	0.01	0.001	0.000 1
$\kappa/(\Omega^{-1}\cdot\mathrm{m}^{-1})$	11.19	1.289	0.141 3	0.014 19	0.001 489

电导率与电导池常数、电阻间的关系为

$$\kappa = G \cdot l/A = K/R$$

式中，κ 为电导率；G 为电导；l 为电极距离；A 为电极面积；R 为电阻；K 为电导池常数。

因此，测得已知电导率的 KCl 溶液的电阻后，即可求出电导池常数 K，电导池的形式很多，并有多种现成商品出售，也可自己制作。

二、电导率仪及铂黑电极

(一) DDSJ-308A 型电导率仪的使用方法

1. 开机

按下"ON/OFF"键开机，仪器自动进入上次关机时的测量工作状态，此时仪器采用的参数为用户最新设置的参数。如果用户不需要改变参数，则无需进行任何操作，即可直接进行测量。

2. 选择模式

按下"模式"键可以在电导率、TDS、盐度3种模式间进行转换。选择为电导率测量状态。

3. 电极常数的设置

(1) 在电导率测量状态下，按"电极常数"键，仪器显示：

(2) 按"▲"或者"▼"键修改到电极标出的电极常数值。例如：1.01。

(3) 按"确认"键，仪器自动将电极常数值1.01存入并返回测量状态，在测量状态中即显示此电极常数值。

4. 电导率的测量

(1) 用蒸馏水清洗电导电极，用滤纸小心吸干电导电极外的水，注意不碰电导电极上的铂黑。

(2) 将电导电极浸入到待测溶液中，待仪器读数稳定后读数。

5. 储存功能

在测量状态下，按"储存"键，仪器即将当前测量数据储存起来。每种测量模式最多可储存50套数据，超过50套，仪器将自动重复从头储存。储存时，仪器显示当前存储号和存储标志。存储完毕，仪器自动返回测量状态。

6. 删除功能

如果需要将存储的测量数据全部删除,可在测量状态下,按下"删除"键,仪器即进入删除功能,可删除当前测量模式下的存储数据。

7. 关机

测量结束后,按"ON/OFF"键,仪器关机。

(二)铂黑电极

铂黑电极是在铂片上镀一层颗粒较小的"黑色"金属铂所组成的电极,由接在铂片上的一根铂丝作导线和外电路相连接。制备时可采用将光滑的铂片和铂丝烧成红热,用力锤打,也可利用点焊方法,使铂片与铂丝牢固地接上,然后将铂丝熔入玻璃管的一端。

电镀前一般需进行铂表面处理,对新封的铂电极,可放在热的NaOH醇溶液中浸洗15min左右,以除去表面油污,然后在浓HNO_3中煮几分钟,取出后用蒸馏水冲洗,长时间用过老化的铂电极,则将其浸入40~50℃的王水中(v_{HNO_3}:v_{HCl}:v_{H_2O}=1:3:4)。经常摇动电极,洗去铂黑(注意:不能任其腐蚀),然后经过浓HNO_3煮3~5min去氯,再用水冲洗。

电极处理后,在玻璃管中加入少许汞,插入铜丝将电极接出,或将铂丝与电极引出线(点)焊接。

然后以处理过的铂电极为阴极,另一铂电极为阳极,在$1mol \cdot dm^{-3}$的H_2SO_4中电解10~20min,以消除氧化膜,观察电极表面出氢是否均匀,若有大量气泡产生则表明表面有油污,应重新处理。

在处理过的铂片上镀铂黑,一般采用电解法,电解液可按以下成分配制:氯铂酸(H_2PtCl_6)3g;醋酸铅$[Pb(Ac)_2 \cdot 3H_2O]$0.08g;蒸馏水(H_2O)$100cm^3$。

电镀时,将处理过的铂电极作为阴极,另一铂电极作为阳极,阴极电流密度15mA左右(电解电流控制在电极上有小气泡逸出即可),如所镀铂黑一洗就落,则需重新处理,铂黑不宜镀的太厚,太厚对建立平衡没有好处,但铂黑太薄的电场易老化中毒。

由于电导池中两个铂电极通常是固定的,所以电镀时可采用如下方法:

将待镀电极浸入镀铂溶液中,调节电流至铂电极上有少量气泡逸出即可,一般控制电流密度在$100 \sim 200mA \cdot cm^{-2}$。为使两支铂电极能镀上一层薄而均匀的绒状铂黑,应每隔半分钟改变电流方向一次(将双刀开关反过来)。

由于镀铂黑时,电极表面吸附Cl_2等物质,故在镀好铂黑后还应将电极放入稀硫酸中换向电解15min,利用电解时产生的H_2将Cl_2驱除,然后再用蒸馏水冲洗干净。制好的铂黑电极应存放在蒸馏水中,以免沾上杂质而损坏。

三、电位差计和电动势测量

(一)电位差计的原理及使用

电位差计被广泛地用来测量直流电位,当配有标准电阻时,还可用来测量直流电流、电阻及校验功率表。

可逆电池电动势的测量条件除了电池反应可逆和传质可逆外,还要求在测量回路中电流趋近于零。测定电动势不能用伏特计。电位差计根据对消法原理设计而成,使被测电动势与标准电动势相比较,其基本原理如图3-26所示。acBa回路由工作电源、可变电阻和电位差

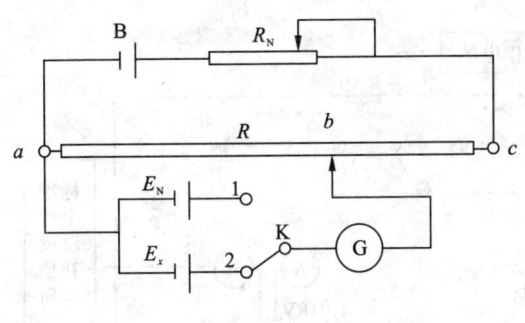

图 3-26 消法原理线路图

计组成。工作电源 B 的输出电压必须大于待测电池的电动势。调节可变电阻 R_N 使流过回路的电流为某一定值，在电位差计的滑线电阻上产生确定的电势降，其数值由已知电动势的标准电池 E_N 校准。另一回路 $abGE_xa$ 由待测电池 E_x、检流计 G 和电位差计组成。移动 b 点，调节被测电动势的补偿电阻 R（由已知电阻值的各进位盘来完成），当回路中无电流通过时，电池的电动势等于 a、b 两点的电势差。对消法测电动势是一个接近热力学可逆过程的例子。

下面以图 3-26 说明未知电动势 E_x 的测量过程：

先将开关 K 合在 1 的位置上，然后调节 R_N，使检流计 G 指示到零点，这时有下列关系式

$$E_N = I R_N \tag{3-18}$$

式中，I 为流过 R_N 和 R 上的电流，称为电位差计的工作电流；E_N 为标准电池的电动势。由式(3-18)可得

$$I = \frac{E_N}{R_N}$$

工作电流调好后，将转换开关 K 合至 2 的位置上，同时移动滑线电阻 R 再次使检流计 G 指到零，此时滑动触头 b 在可调电阻上的电阻值设为 R，则有

$$E_x = I R$$

因为此时的工作电流 I 就是前面所调节的数值，因此有

$$E_x = \frac{E_N}{R_N} R$$

所以当标准电池电动势 E_N 和标准电池电动势的补偿电阻 R_N 的数值确定时，只要正确读出 R 的值，就能正确测出未知电动势 E_x。

（二）电位差计测量电动势的方法

1. UJ-25 型电势电位差计

在 UJ-25 型电位差计（图 3-27）面板上共有 13 个端钮，供接"电池"、"标准电池"、"电计"、"未知"、"泄露屏蔽"、"静电屏蔽"之用，左下方有转换开关和"粗"、"细"、"短路"3 个电计按钮，右下方有"粗"、"中"、"细"、"微"4 个工作电流调节按钮。在其上方是 2 个标准电池电动势温度补偿旋钮。面板左部 6 个大旋钮，其下部有一个窗孔，被测电动势值由此示出。电位差计使用时都配有灵敏检流计和标准电池以及工作电源（低压稳压直流电源或 2 节一号干电池，亦可用甲电池和蓄电池）。UJ-25 型电位差计测量电动势范围上限为 600V，下限为 0.000 001V，但当测量高于 1.911 110V 以上电压时，须配用分压箱来提高测量上限。

下面说明测量 1.911 110V 以下电压的方法。

（1）在电位差计使用前，首先将转换开关放在"断"位置，并将左下方 3 个电计按钮全部松开，然后将工作电源、被测电池和标准电池按正负极接在相应按钮上，并安上检流计。注意接线时正负极不要接错。

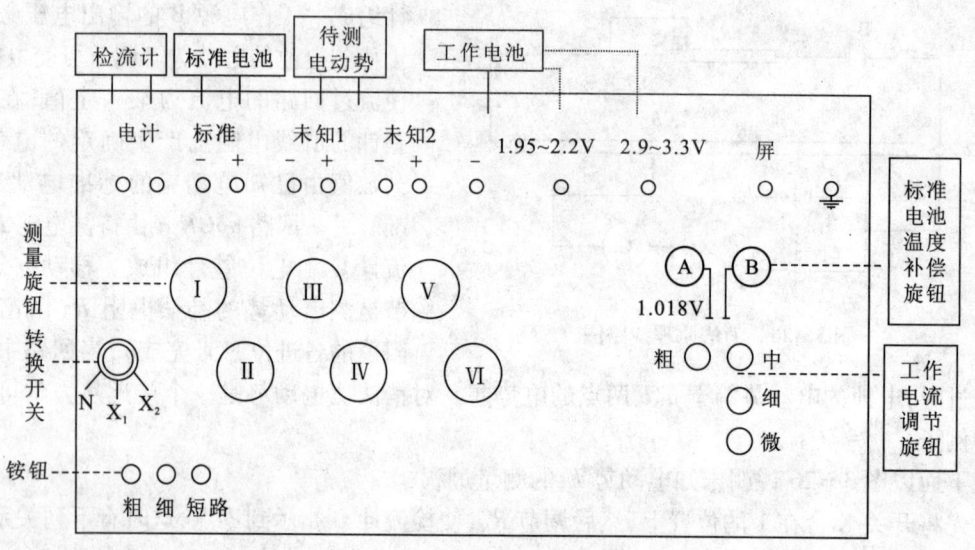

图 3-27 UJ-25 型电势电位差计面板示意图

(2) 调节标准电池电动势温度补偿旋钮,使其读数值与标准电池的电动势值一致。注意标准电池的电动势值受温度的影响会发生变动,例如常用的镉汞标准电池,调整前可根据式(3-19)计算出标准电池电动势的准确数值。

$$E_t = E_0 - 4.06 \times 10^{-5}(t-20) - 9.5 \times 10^{-7}(t-20)^2 \qquad (3-19)$$

式中,E_t 为 t℃时标准电池电动势;t 为测量时室内环境温度(℃);E_0 为标准电池在 20℃时的电动势值。

(3) 将转换开关放在标准位置上(即"N"),按下"粗"按钮,并按照"粗"、"中"、"细"、"微"顺序调节工作电流,使检流计为零,然后再按下"细"按钮,再仿上调节工作电流直至检流计光点示零不动,此时工作电流就调节好了。由于工作电池的电动势会发生变化,因此在测量过程中需要经常标定工作电流。

(4) 将转换开关拨向"未知"位置(即 X_1 或 X_2),按下"粗"按钮,并按由左到右顺序调节 6 个电动势测量旋钮,使检流计光点有转动,再调节第 5 个($\times 10^{-5}$ V)及第 6 个($\times 10^{-5}$ V)旋钮至光点不动为止。6 个旋钮下的小窗孔内所示数值之和即是被测电池电动势值。

2. SDC-Ⅲ数字电位差综合测试仪

SDC-Ⅲ数字电位差综合测试仪将 UJ 系列电位差计、标准电池、光电检流计等集成一体,既可使用内部基准进行校准,又可外接标准电池作基准进行校准,使用更方便灵活。其面板示意图如图 3-28 所示,使用方法如下:

(1) 打开电位差综合测试仪的电源开关,预热 3 min。

(2) 用测试线将被测电池的"+"、"-"极接入电位差计的"测量插孔"。

(3) 将"测量选择"旋钮置于"内标"。

(4) 将"10^0"位旋钮置于"1","补偿"旋钮逆时针旋到底,其他旋钮均置于"0",此时"电位指示"为"1.000 000" V,若显示小于"1.000 000" V 可调节补偿电位器以达到显示"1.000 000" V,显示大于"1.000 000" V 应适当减小"$10^0 \sim 10^{-4}$"旋钮,使显示小于"1.000 000" V,再调节

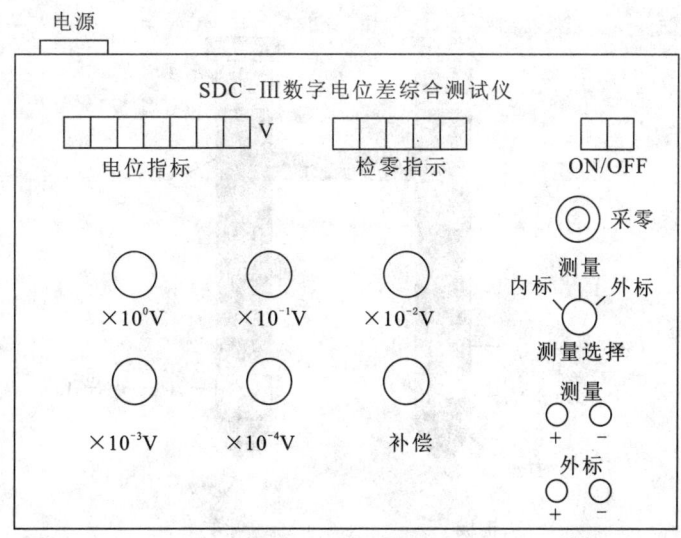

图 3-28 SDC-Ⅲ数字电位差综合测试仪板面示意图

补偿电位器以达到显示"1.000 000"V。

(5)待"检零指示"显示数值稳定后,按一下"采零"键,"检零指示"应显示"0000"。

(6)将"测量选择"旋钮置于"测量"。

(7)调节"$10^0 \sim 10^{-4}$"5 个旋钮,使"检零指示"显示数值为负且绝对值最小。

(8)调节"补偿旋钮",使"检零指示"显示为"0000",此时,"电位显示"数值即为被测电池的电动势的值。

不同温度下的测量方法与此相同。测量完毕后,关闭电源开关。

(三)标准电池

标准电池是一种电势非常稳定、温度系数很小的可逆电池,通常在直流电位差计中用作标准参考电压(一般能重现到 0.1mV)。

标准电池分为饱和式和不饱和式两类。前者可逆性好,因而电动势重现性和稳定性均好,但温度系数较大,使用时需进行温度校正,常用于精密测量;后者的温度系数较小,但可逆性较差,常用于精度要求不很高的测量,可免除繁琐的温度校正,实验室常用的饱和式标准电池如图 3-29 所示,其电池反应为

$$Cd(汞齐) + Hg_2SO_4(g) = 2Hg(l) + CdSO_4(晶体)$$

电池表达式为

$$Cd(12.5\%汞齐)|CdSO_4 \cdot \frac{8}{3}H_2O(晶) | CdSO_4(饱和溶液) | CdSO_4 \cdot \frac{8}{3}H_2O(晶) | Hg_2SO_4(s) |Hg(l)$$

标准电池按其电动势的稳定度分为若干等级。在物化实验电测量中,一般使用 0.01、0.005 级国产型号为 BC_3、BC_8 等。

标准电池在 20℃ 时的电动势值出厂均给出,在其他温度下使用时,需用有关公式进行换算,0~40℃区间内饱和标准电池适用的换算公式为

$$E = E_{20℃} - 4.06 \times 10^{-5}(t-20) - 9.5 \times 10^{-7}(t-20)^2$$

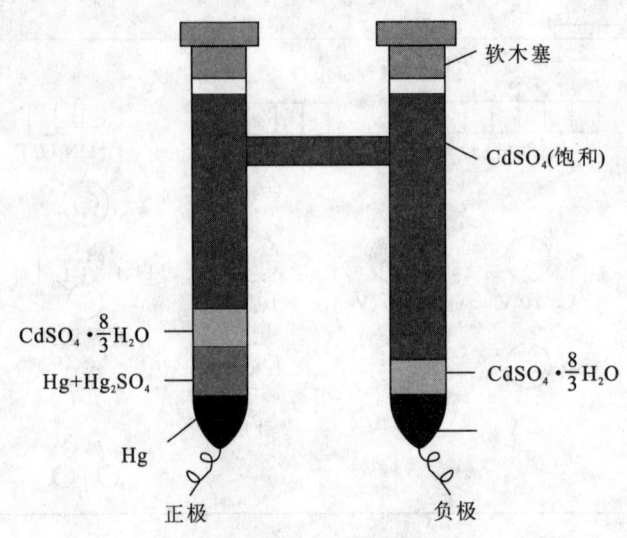

图 3-29 标准电池示意图

使用标准电池时注意以下几点：

（1）机械振动会破坏电池平衡，故使用和搬动时应避免振动，且绝对不允许倒置或倾斜放置。

（2）因 $CdSO_4 \cdot \frac{8}{3}H_2O$ 晶体在温度波动的环境中会反复不断溶解，再结晶，致使原来微小晶粒结成大块，增加电池内阻及降低电位差计中检流计回路的灵敏度。因此应尽可能将标准电池放置于温度波动不大的环境中。

（3）$CdSO_4$ 是一种感光性物质，光的照射会使 $CdSO_4$ 变质，变质后的 $CdSO_4$ 将使电池电动势对温度变化的滞后增大，故标准电池放置时应避免阳光的照射。

（4）标准电池仅是作为电动势的标准，不作电源。电流过大，则损坏电池，一般不允许放电电流大于 0.000 1A。所以使用时要极短暂地间隙地使用，绝对避免标准电池两极间短路。

（5）正负极不能接错，不得用万用表等，直接测量标准电池的电动势。

（四）盐桥的制备

可用许多方法降低液面接界电势，但至今尚无较理想的方法，较好而且使用方便的一种方法为盐桥法。

最常用的是 3% 洋菜-饱和 KCl 盐桥，将盛有 3g 洋菜和 97cm³ 蒸馏水的烧瓶放在水浴上加热（切忌直接加热），直到完全溶解，然后加 30g KCl，充分搅拌，KCl 完全溶解后，趁热用滴管或虹吸将此溶液装入已事先弯好的玻璃管，静置，待洋菜凝结后便可应用，多余的洋菜-KCl 用磨口瓶塞盖好，用时可重新在水浴上加热。

所用 KCl 和洋菜质量要好，以避免沾油污，最好选择凝固时呈白色的洋菜。

高浓度的酸、氨都会与洋菜作用，破坏盐桥，玷污溶液。遇到此种情况，不能采用洋菜盐桥，洋菜-KCl 盐桥也不能用于含有 Ag^+、Hg_2^{2+} 等与 Cl^- 作用的离子或含有 ClO_4^- 等与 K^+ 作用的物质溶液。遇到此种情况，应换其他电解质配制的盐桥。

有人建议对于能与 Cl^- 作用的溶液,用 $Hg-Hg_2SO_4$-饱和 K_2SO_4 电极,与3%洋菜-1mol·dm^{-3} K_2SO_4的盐桥,对于含有浓度大于 1mol·dm^{-3} 的 KlO_4^- 的溶液,则可用汞-甘汞-饱和 NaCl 或 LiCl 电极,与3%洋菜-1mol·dm^{-3} NaCl 或 LiCl 盐桥。

也可用 NH_4NO_3 或 KNO_3 盐桥。其优点是正负离子的迁移数较接近,缺点是它与通常的各种电极无共同离子,因而在共同使用时会改变参考电极的浓度和引入外来离子,从而可能改变参考电极电势。

盐桥的溶胶冷凝后,管口往往出现凹面,此时用搅拌棒蘸一滴热溶胶加在管口即可,制备好的盐桥插在饱和 KCl(或 KNO_3 或相应溶液)溶液中,盐桥使用一段时间后应立即更换,不能长期使用。

注意盐桥中不能存有气泡,否则会增加电阻,甚至造成断路。

(五)检流计的选择

检流计主要用在平衡式直流电测仪器如电位差计、电桥中作为示零仪器,此外在光-电测量、差热分析等实验中测量微弱的直流电流。

检流计的灵敏度、临界电阻、内阻和摆动周期常数,表明检流计的特性,是选择合用而配套的检流计的依据。

选择检流计与电位差计配合使用,必须考虑以下两点:

(1)每个检流计上所标明的临界电阻,是说明和检流计串联回路的总电阻(包括检流计内阻 R_1,电解池内阻 R,其他外部线路电阻 R_P)。在临界电阻附近,检流计的光点达到平衡位置的时间最短,因此在选用检流计时,应将回路串联的总电阻加以估算,看看是否适用。

(2)检流计的灵敏度应与电位差计适应,这可以用欧姆定律进行简单计算,即看 $\Delta V/(R_1+R_P+R)$ 的数值与检流计的灵敏度是否相适应,式中 ΔV 为电位差计的最小读数,只有 $\Delta V/(R_1+R_P+R)$ 大于或等于检流计的灵敏度,才能使电位差计发挥应有的精确度。例如,某电位差计精确度为 0.01mA,某一检流计的灵敏度为 $6×10^{-2}$ A/mm,内阻为 635Ω;若将电解池电阻和电位差计电阻忽略不计,则检流计回路电流为 $0.01mV/635\Omega=1.6×10^{-3}$ A $< 6×10^{-2}$ A,显然,若用此检流计与电位差计搭配,就降低了电位差计的精确度。

检流计的铭牌上通常标有临界电阻 $R_{临}$ 值,当测量回路总电阻数值相近时,检流计光点能较快达到新的平衡位置,若 $R_{回}\leq R_{临}$,则光点移动缓慢;若 $R_{回} \geq R_{临}$ 则光点振荡不已,读数困难。

检流计使用时严格防止剧烈振动,防止酸碱等腐蚀,防止流过过大的电流而烧坏线圈。使用中光点振荡不已时,使用短路开关使之停于零点;在停止使用时应置于短路状态,以免损坏仪器。

四、PZ26 型直流数字电压表

(1)使用本仪器前,先检查电源是否正确,正确的接法是:红—相线,黑—地线,绿—中线。

(2)按下仪表背面开关,接通电源,将旋钮置于调零位置并预热 40min,在初次使用或长期放置后第一次使用时,应预热 1~2h。

(3)预热后,即可调整板面调零电位器,调 +0000 和 -0000 交替出现。

(4)在调零后即可进行测量。如仪器出现首位数字管闪烁现象时,即表示仪器输入端信号过载,应适当改变其量程,但必须注意仪表所能承受的过载能力。PZ26 型直流数字电压表,除 1 000V 量程允许过载 10% 以及 200V 量程允许过载 100% 以外,其余均允许过载 10 倍。另外,在测量时,还应注意"－"端对地最大工作电压不得超过 250V。

(5)仪表一经校正后,在 30 天内使用时,可保证准确度。在 30~90 天使用时应另附加误差 0.2% 读数;在 90 天后使用时,用户应重新校正一次,校正方法详见仪器使用说明书。

五、ST16A 单踪 10MHz 示波器使用简介

(一)板面说明

ST16A 示波器面板说明如图 3－30 所示。

(二)操作方法

有关控件按下列要求置位:

亮度 3、聚焦 4、位移 7、16 居中;垂直衰减开关 15 置于 0.1V,微调 8、17 置于校正位置;触发方式 11 置于 AUTO;扫描速率 6 置于 0.5mS;极性 10 置于"＋";触发源 12 置于"INT";耦合方式置于"DC"。

接通电源 1,电源指示灯 2 亮,屏幕上出现光迹。预热 5min,分别调节亮度 3、聚焦 4,使光迹清晰。如有闪烁可适当调节电平 9 即可。

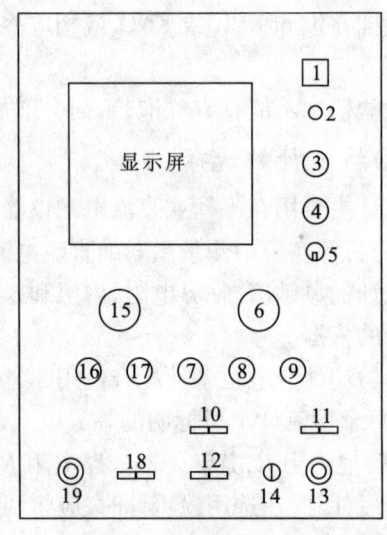

图 3－30　ST16A 示波器面板示意图
1. 开关;2. 电源指示灯;3. 亮度调节钮;4. 聚焦调节钮;5. 信号校准钮;6. 水平扫描开关;7. 水平位移;8. 水平微调;9. 电平;10. 触发极性及电视场转换钮;11. 触发方式及 X－Y 方式开关;12. 触发源选择开关;13、19. 信号输入端子;14. X－Y 增益微调;15. 垂直衰减开关;16. 垂直位移;
17. 垂直微调;18. 耦合方式选择钮

六、DF－101S 型集热式恒温加热磁力搅拌器的使用方法

(1)插上电源,打开电源开关,调节速率到所需状态。

(2)单击"SET"键,上排显示"SV",下排个位字符闪烁,此时仪表可以进入设定状态。

(3)通过移位键(◄)、减值键(▼)、增值键(▲),或者通过长按减值键(▼)、增值键(▲),可改变设定值或连续改变设定值。

(4)设定结束后,单击"SET"键,控制器恢复"PV/SV"显示状态,参数被存储,仪表进入工作状态。

(5)启动自整定。按"SET"键约 5s,进入参数设定状态,连续按"SET"键直至出现参数"LKV",将此参数值改为"1"。此时允许修改各参数。再按"SET"键直至出现"ATV"时,输入相应自整定类型号 1,按"SET"键约 5s 后,"AT"灯亮,"SV"数据闪动,仪表开始自整定。自整定结束后,"SV"灯灭,仪表自动运算出一组适合加热系统的参数,此时仪表按新的 PID 参数进行控制。新的 PID 参数可在仪表上检查。

注意:①系统工况改变较大时,应重新进行一次自整定,以适用新的系统参数。②自整定期间若遇到停电就会退出自整定,原有的 PID 参数不变。

七、电化学测量分析仪(电化学工作站)简介

随着数字和电子技术的高速发展,电化学测量仪器也在不断地发展更新。传统的由模拟电路的恒电位仪、信号发生器和记录装置组成的电化学测量装置已被由计算机控制的电化学测量装置所代替,但其核心的恒电位仪和恒电流仪依然采用运算放大器构成。下面以 CHI 系列电化学工作站为例,简单说明现代电化学测量仪器的原理、主要特点和使用方法。

1. 工作原理

CHI 系列电化学测量仪器(上海辰华仪器公司生产)通常由恒电位仪、信号发生器、记录装置以及电解池系统组成。电解池通常含有 3 个电极:工作电极(又称为研究电极)、参比电极和辅助电极。该工作站由计算机控制进行测量。计算机的数字量可通过模数转化器(DAC)而转化成能用于控制恒电位仪或者恒电流仪的模拟量;而恒电位仪或者恒电流仪输出的电流、电压及电量等模拟量可通过模数转化器转换成可由计算机识别的数字量。通过计算机可进行各种操作,如产生各种电压波形、进行电流和电压的采样、控制电解池的通和断、灵敏度的选择、滤波器的设置、IR 降补偿的正反馈量、电解池的通氮除氧、搅拌、静汞电极的敲击和旋转电极控制等。由于计算机可同步产生扰动信号和采集数据,使得测量变得十分容易。计算机同时还具有用户界面控制、文件管理,数据分析、处理、显示,数字模拟和拟合等功能。计算机控制的 CHI 系列电化学工作站十分灵活,实验控制参数的动态范围宽广,并将多种测量技术集成于单个仪器中。不同实验技术间的切换也十分方便。

如 CHI600A 系列的电化学工作站的具体功能参见表 3-5。从表中可见该仪器几乎集成了常规的电化学测量技术。

表 3-5　CHI600A 系列的电化学工作站功能一览表

循环伏安法(CV)	线性电位扫描法(LSV)	交流阻抗测量(IMP)
阶梯波伏安法(SCV)	塔菲尔曲线(TAFEL)	交流阻抗-时间测量(IMPT)
计时电流法(CA)	计时电量法(CC)	交流阻抗-电位测量(IMPE)
差分脉冲伏安法(DPV)	常规脉冲伏安法(NPV)	计时电位法(CP)
差分常规脉冲伏安法(DNPV)	方波伏安法(SWV)	电流扫描计时电位法(CPCR)
交流伏安法(ACV)	二次谐波交流伏安法(SHACV)	电位溶出分析(PSA)
电流-时间曲线($I-t$)	差分脉冲电流检测(DPA)	开路电位-时间曲线(OCPT)
差分脉冲电流检测(DDPA)	三脉冲电流检测(TPA)	恒电流仪
控制电位电解库仑法(BE)	流体力学调制伏安法(HMV)	旋转圆盘电极转速控制(0~10V)
扫描-阶跃混合方法(SSF)	多电位阶跃法(STEP)	任意反应机理 CV 模拟器

2. 参数指标

电位范围 ±10V;电位上升时间小于 $2\mu s$;槽压 ±12V;电流 250mA;参比电极输入阻抗 $1 \times 10^{-12} \Omega$;电流灵敏度 $1 \times 10^{-12} \sim 0.1$ A/V;电流测量分辨率小于 1×10^{-9}A;电位更新速率 5 MHz;CV 的最小电位增量 0.1 mV;CV 和 LSV 扫描速率 $1 \times 10^{-6} \sim 5 \times 10^{3}$ V/s;CA 和 CC 脉冲宽度 0.1 ms~1 ks;DPV 和 NPV 脉冲宽度 0.1ms~10s;CA 和 CC 阶跃次数 320;SWV 频率 1

Hz～100 kHz；ACV 频率 1 Hz～10 kHz；SHACV 频率 1 Hz～1 kHz；IMP 频率 0.1μHz～100 kHz；最大数据长度 128 000 点；自动和手动欧姆降补偿；自动和手动设置低通滤波器。

3. 软件特点和操作方法

仪器由外部计算机控制，且在视窗操作系统下工作。用户界面遵循视窗软件设计的基本规则。控制命令参数所用术语均为化学工作者熟悉和常用的。最常见的一些命令在工具栏上均有相应的快捷键，便于执行。仪器的软件还提供方便的文件管理、几种技术的组合测量、数据处理和分析、实验结果和图形显示等功能。

如果配以一些其他仪器，该仪器还可以用于旋转环盘电极的测量、电化学石英晶体微天平的测量和微电极的测量等技术。

第四节　光学测量技术

一、阿贝折射仪的原理和使用方法

折射率是物质的重要物理常数之一，可借助它了解物质的纯度、浓度及其结构，在实验室中可用阿贝折射仪来测量液体物质的折射率，液体用量少，操作方便，读数准确。

（一）工作原理

当一束光投在两种不同性质的介质的交界面上时发生折射现象，它遵守折射定律

$$\frac{\sin\alpha}{\sin\beta} = \frac{n_\beta}{n_\alpha} \text{ 或 } n_\beta = n_\alpha \frac{\sin\alpha}{\sin\beta}$$

式中，α 为入射角；β 为折射角；n_α、n_β 为交界面两侧两种介质的折射率。在一定温度下对于一定的两种介质，其比值是一定的。当光束由光疏介质进入光密介质时（图 3-31），入射角大于折射角（反之，则入射角小于折射角）。若入射角增大时折射角也增大，当入射角 $\alpha_0 = 90°$ 时，折射角为 β_0，故任何方向的入射光都可进入光密介质中，但其折射角一定服从不等式 $\beta \leq \beta_0$。

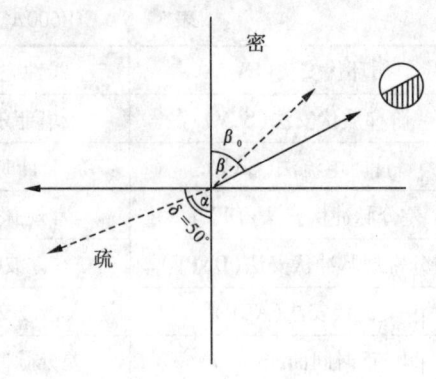

图 3-31　光的折射

（二）结构

折射仪是根据上述临界折射现象设计的，WAY 阿贝折射仪的外形如图 3-32 所示，底座 14 为仪器的支撑座，壳体 17 固定在其上。除棱镜和目镜 8 以外全部光学组件及主要结构封闭于壳体内部。棱镜组固定于壳体上，由进光棱镜、折射棱镜以及棱镜座组成，两只棱镜分别用特种黏合剂固定在棱镜座内。5 为进光棱镜座，11 为折射棱镜座，两棱镜座由转轴 2 连接。进光棱镜能打开和关闭，当两棱镜座密合并用手轮 10 锁紧时，两棱镜面之间保持一均匀的间隙，被测液体应充满此间隙。3 为遮光板，18 为 4 只恒温器接头，4 为数显温度计，13 为温度计座，可用乳胶管与恒温器连接使用。1 为反射镜，8 为目镜，9 为盖板，15 为折射率刻度调节手轮，6 为色散图调节手轮，7 为色散值刻度圈，12 为照明刻度盘聚光镜。

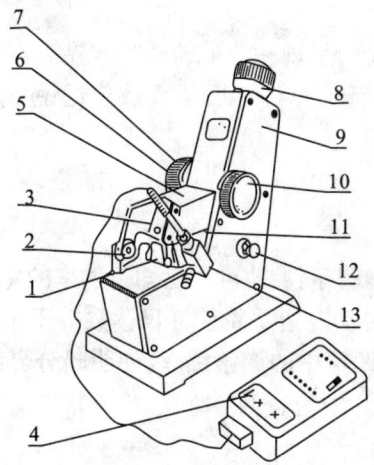
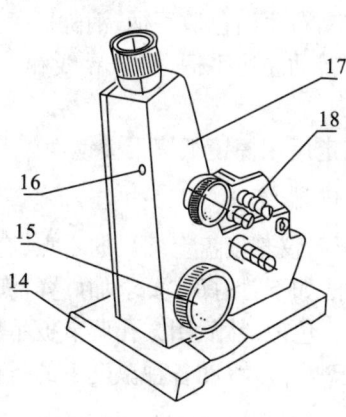

图 3-32 折射仪结构示意图

1. 反射镜;2. 转轴;3. 遮光板;4. 数显温度计;5. 进光棱镜座;6. 色散图调节轮;7. 色散值刻度圈;8. 目镜;9. 盖板;10. 手轮;11. 折射棱镜座;12. 照明刻度盘聚光镜;13. 温度计座;14. 底座;15. 折射率刻度调节手轮;16. 微调孔;17. 壳体;18.4 支恒温器接头

阿贝折射仪的棱镜组件由两个折射率为 1.75 的玻璃直角棱镜所构成。当光线(自然光或白炽光)射入进光棱镜时便在其磨砂面上发生漫散射,并从各个方向通过置于缝隙的液层而达到折射棱镜。根据折射定律,当光由光疏介质(待测液体)折射进入光密介质(棱镜)时,折射角小于入射角;如果入射光正好沿着棱镜面射入,即入射角 $\alpha = 90°$,则折射角为 β_0。因再也没有比 β_0 更大的折射角,所以 β_0 为临界角。对棱镜面上任一点来说,当光在 0~90°范围内入射时,折射光都应落在临界角 β_0 内成为亮区,其他为暗区,构成明暗的分界线,因此具有特征意义。根据上面的公式,若已知棱镜的折射率 n_β,测定临界角 β_0,就能求出液体的折射率 n_0。实际上,此值可从阿贝折射仪上直接读出而不必计算。

折射率用符号 n 表示,其值与温度和入射光的波长有关,故应在其右上角标出测量温度,右下角标出测量时所用光的波长。例如,n_D^{298K} 表示介质在 298K 即 25℃时对钠黄光的折射率。阿贝折射仪使用的光源为白光。白光为各种不同波长的混合光。由于波长不同的光在相同介质内的传播速率不同,所以会产生色散现象,使目镜的明暗分界线不消。为此在仪器上装有可调的消色补偿器,通过它可清除色散,得到清楚的明暗分界线,这时所测得的液体折射率,与用钠光 D 线所得的液体折射率相同。

(三)WAY 阿贝折射仪的使用方法

(1)将阿贝折射仪置于光亮处,但避免阳光直接照射,让超级恒温槽中的恒温水通入阿贝折射仪的两棱镜恒温夹套中,恒温温度以折光仪上的温度计读数为准。

(2)打开棱镜,滴 1 滴无水乙醇(或乙醚)在镜面上,用镜头纸轻轻擦干镜面。

(3)用干净滴管加 1~3 滴试液于折射棱镜表面上,闭合棱镜,用手轮 10 锁紧,务必使被测物体均匀覆盖于两棱镜间镜面上,不可有气泡存在,否则需重新取样进行操作。

(4)打开遮光板 3,合上反射镜 1,调节目镜视度,使"十"字线成像清晰,此时旋转手轮 15,使分界线位于"十"字线中心,再适当转动聚光镜 12,此时目镜视场下方显示的示值即为被测液体的折射率。

（5）转动右边消色散手柄,消除彩色光带,使视场内呈现一清晰的明暗分界线。

（6）再转动左边手柄,使分界线和"十"字线相交于一点,然后从读数望远镜中读取折射率。

（7）测定后用擦镜纸擦干棱镜面。

（四）仪器校正

阿贝折射仪刻度盘上标尺的零点,有时会发生移动,测量前可用已知折射率的蒸馏水进行校正,其方法如下:按操作要求加好样(蒸馏水)后,转动左边手轮使标尺读数等于蒸馏水的折射率,再消除色散,然后用方孔调节扳手旋动目镜前凹槽中的调整螺丝,使明暗分界线与"十"字线相交于一点。水在各种温度下的折射率见附录 B 中附表 B-4。

二、旋光仪

旋光仪是研究溶液旋光性的仪器,用来测定平面偏振光通过具有旋光性物质的旋光度的大小和方向,从而定量测定旋光物质的浓度,确定某些有机物分子的立体构型。

（一）工作原理

一束可在各个方向振动的单色光,通过各向异性的晶体(如冰晶石)时,产生两束振动面相互垂直的偏振光(图 3-33),由于这两束偏振光在晶体中的折射率不同,所以当单色光投射到用加拿大树胶粘贴的冰晶石组成的尼科尔(Nicol)棱镜时,按照全反射原理,这两束偏振光

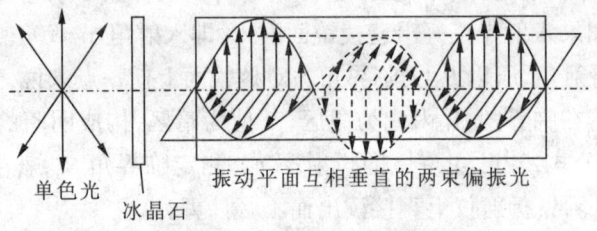

图 3-33　偏振光示意图

中垂直于纸面的一束将发生全反射而被棱镜框的涂黑表层所吸收,另一束偏振光将透过树胶和棱镜而得到单方向的平面偏振光(图 3-34)。这种产生平面偏振光的物体称为起偏镜(如尼科尔棱镜),若要测定透过起偏镜的偏振光在空间的振动平面,在起偏镜后需另置一尼科尔棱镜(称为检偏镜)。当起偏镜和检偏镜光路相互平行时,起偏镜出来的偏振光全部通过检偏镜,在检偏镜后得到亮视场;若起偏镜和检偏镜光路相互垂直,则从起偏镜出来的偏振光不能通过检偏镜,在检偏镜后得到暗视场。此时若在两偏振镜之间放一旋光性物质,它使起偏镜出来的偏振光振动面旋转了 α 角度,为了在检偏镜后仍旧得到暗视场,必须将检偏镜也相应地旋转 α 角度,这里检偏镜旋转的角度 α(有左旋和右旋之分)就为该物质的旋光度。

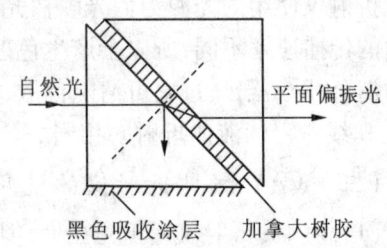

图 3-34　尼科尔棱镜示意图

对于具有旋光性物质的溶液,当溶剂无旋光性时,旋光度与溶液的浓度 c 和溶液层厚度 l 成正比,即

$$\alpha = \beta cl$$

式中,β 称旋光常数,它除了与旋光性物质的特性有关外,还与光的波长和溶液的温度有关。

一般常用比旋光度作为度量物质旋光能力的标准。当偏振光通过 10cm 长、每立方厘米含有 10^{-3}kg 旋光性物质溶液的样品管后产生的旋光度定义为该物质的比旋光度,用 $[\alpha]_\lambda^t$ 或 $[\alpha]_D^t$ 表示,角标 t、λ 表示测定时的温度和所用光的波长,D 为钠光。

在测旋光度时,若检偏镜是向右旋的称为右旋,用"+"表示,相反则是左旋的,用"-"表示。

国产新型的 WZZ-2B 自动旋光仪是采用光电自动平衡原理设计的,测量结果由数字显示。其结构和工作原理示意图如图 3-35 所示。

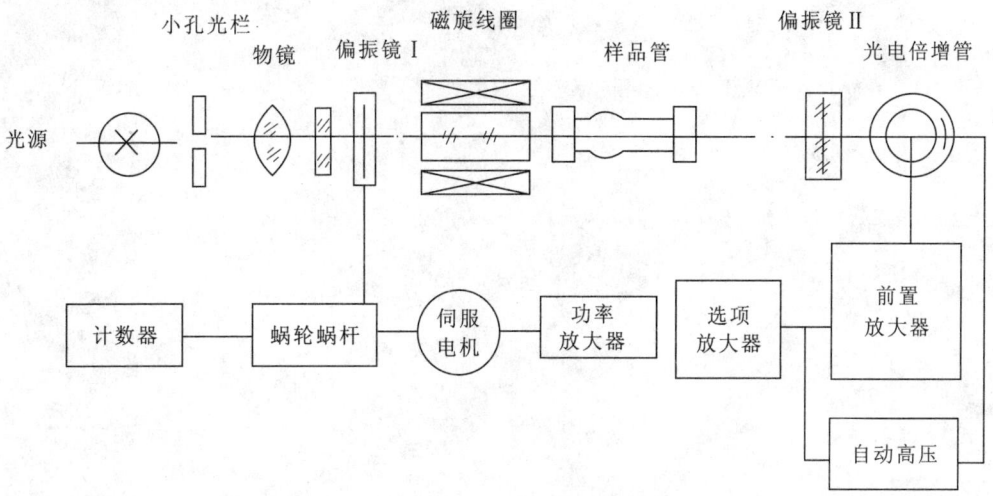

图 3-35 自动旋光仪工作原理示意图

仪器采用 20W 钠光灯作光源,由小孔光栏和物镜组成一个简单的点光源平行光管,平行光经偏振镜 I 变为平面偏振光,当偏振光经过有法拉第效应的磁旋线圈时,其振动平面旋转一个角度,光线经过偏振镜 II 投射到光电倍增管上,产生交变的电讯号经过功率放大器后,驱动伺服电机转动。通过蜗轮、蜗杆将偏振镜反向转过一个角度以补偿样品的旋光度,使仪器重回平衡(即回到光学零点),同时由计数器显示出样品的旋光度。

(二)WZZ-2B 自动旋光仪操作方法

(1)将仪器电源插头插入 220V 交流电源。
(2)打开电源开关,这时钠光灯应启亮,需经 5min 钠光灯预热,使之发光稳定。
(3)打开光源开关,若光源开关扳上后,钠光灯熄灭,则再将光源开关上下重复扳动 1~2 次,使钠光灯在直流下点亮,为正常。
(4)打开测量开关,这时数码管应有数字显示。
(5)将装有蒸馏水或其他空白试剂的试管放入样品室,盖上箱盖,待示数稳定后,按清零钮。试管中若有气泡,应先让气泡浮在凸颈处;通光面两端的雾状水滴,应用软布揩干。试管

螺帽不宜旋得过紧,以免产生应力,影响读数。试管安放时应注意标记的位置和方向。

（6）取出试管。将待测样品注入试管,按相同的位置和方向放入样品室内,盖好箱盖。仪器数显窗将显示出该样品的旋光度。

（7）逐次揿下复测按钮,重复读几次数,取平均值作为样品的测定结果。

（8）如样品超过测量范围,仪器在±45°处来回振荡。此时,取出试管,仪器即自动转回零位。

（9）仪器使用完毕后,应依次关闭测量、光源、电源开关。

（10）钠灯在直流供电系统出现故障不能使用时,仪器也可在钠灯交流供电的情况下测试,但仪器的性能可能略有降低。

（11）当放入小角度样品（小于0.5°）时,示数可能变化,这时只要按复测按钮,就会出现新的数字。

第四章　Excel 处理物理化学实验数据

在化学实验数据处理中，计算机的使用越来越频繁。物理化学实验数据繁多，处理复杂费时，且人为误差大，而利用计算机处理物化实验数据能大大提高实验数据处理的效率和精度，有效地消除数据处理的人为误差。一些数据处理软件，如 Microsoft Excel 电子表格和 Origin 软件等广泛地应用到实验数据处理过程中，提高了数据处理效率和准确性。

Excel 是微软公司开发的办公自动化软件 Microsoft Office 中的重要成员之一，是 Windows 操作平台上著名的电子表格软件，具有强大的制作表格、数据处理、分析数据、创建图表等功能。

本章主要介绍 Excel 2003 处理实验数据，重点介绍公式和函数的应用、图表操作、实验数据的最小二乘法线性回归和非线性回归。

第一节　Excel 基础知识

一、Excel 的窗口界面

打开 Microsoft Excel 工作表，工作簿从上到下分 4 部分：菜单栏、工具栏、编辑栏、工作簿窗口。

编辑栏位于格式工具栏的下方，如图 4-1 所示，主要用于输入或编辑单元格内容。例如输入数字、文本或公式。

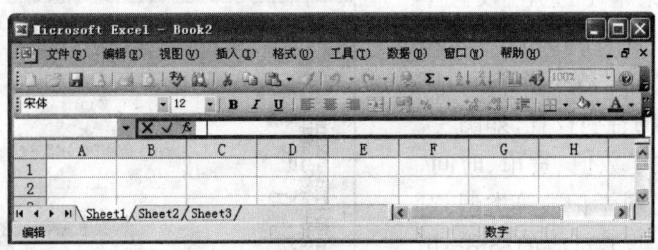

图 4-1　编辑栏

在编辑栏的左侧会显示"取消"按钮"×"、"输入"按钮"√"及"插入函数"按钮"f_x"。当用户在单元格中输入数据时，单击"取消"按钮将取消数据输入，单击"输入"按钮可输入数据。单击"插入函数"按钮时，将自动打开"插入函数"对话框，方便用户查找及插入函数。

Excel 的一个工作簿就是一个 Excel 文件，工作簿名就是文件名，扩展名为 .xls。工作簿中的每一张表称为工作表。一个工作表可以由 65 536 行和 256 列构成。行的编号从 1 到

65 536，列的编号依次用字母 A、B、C、…、Ⅳ表示。工作表中矩形格子称为单元格，单元格是工作表的最小单位，也是 Excel 用于保存数据的最小单位。

二、数据的输入及格式化

（一）输入数据

当选中单元格后，就可以从键盘上向它输入数据。输入的数据同时在选中的单元格中和编辑栏上显示出来。在单元格中输入数据时，按"Enter"键表示输入数据，按"Delete"键表示删除数据。

输入数据即向单元格中输入数值、文本、日期、时间及公式等，Excel 工作表会自动判断所输入的数据类型并按不同类型显示在单元格中。

在单元格中输入数字时，Excel 工作表会按数值格式显示在单元格中。数值格式即在单元格中自动靠右对齐。横向或纵向输入连续数字时，可移动鼠标至单元格右下角，当鼠标指针变成黑色"+"号，按下"Ctrl"键并横向或纵向拖动鼠标，可按顺序进行数值填充。

在单元格中输入文本时，Excel 工作表会按文本格式显示在单元格中，文本格式即在单元格中自动靠左对齐。输入相同文本时，可选择已输入的单元格，并移动鼠标指针至单元格右下角，并横向或竖向拖动鼠标，进行填充相同的文本。

在单元格中输入的数据以"="开始时，Excel 工作表会按公式格式显示在单元格中。

（二）设置单元格的格式

可以对 Excel 中的单元格设置多种格式，如数字格式、对齐格式、字体格式和边框格式等，在此只介绍设置单元格的数字格式和字体格式。

在 Excel 中，可以处理的数值有多种类型。为了能够正确地显示和处理各种类型的数据，需要为每类数据设置对应的数字格式。数字格式是单元格格式中最有用的功能之一，专门用于对单元格数值进行格式化。具体的操作方法如下：

选择需要设置格式的单元格并右击，在弹出的快捷菜单中选择"设置单元格格式"命令，打开"单元格格式"对话框，可以在对话框的"数字选项卡"中看到有关数字格式的各项设置，如图 4-2 所示。Excel 提供了数值、货币、时间、日期、百分比、分数、科学记数等类型，对每种数据类型都提供了对应的格式，用户可以从中选择合适的格式类型。如可以通过选择小数的位数来反映实验数据的有效数字，此时单元格将会按四舍五入规则显示最终数据。

需要注意的是，无论为单元格应用了何种数字格式，都只会改变单元格的

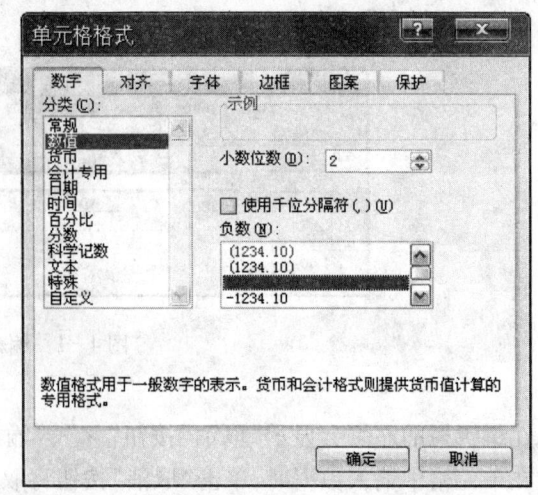

图 4-2　设置单元格的数字格式

显示形式，而不会改变单元存储的真正内容。反之，用户在工作表上看到的单元格内容，并不

一定是其真正的内容,而可能是原始内容经过各种变化后的一种表现形式。

设置单元格字体格式,即是设置单元格中的字体大小、字形、字体颜色以及上下标格式等。按上面的方法打开"单元格格式"对话框,在对话框的"字体选项卡"中可以看到有关字体格式的各项设置。需要注意的是,对某单元格中的部分文本只能设置字体格式,即当选中部分文本时并右击,在弹出的快捷菜单中选择"设置单元格格式"命令,则在打开"单元格格式"中只能看到"字体选项卡"。

三、公式和函数

公式和函数是 Excel 的核心。在单元格中输入正确的公式或函数后,会立即在单元格中显示计算结果,如果改变工作表中与公式有关或作为函数参数的单元格里的数据,Excel 会自动更新计算结果。

(一)创建公式

输入公式的步骤如下:选定要输入公式的单元格;在单元格中或编辑栏中输入"=";输入设置的公式,按"Enter"键或用鼠标单击编辑栏左侧的"√"按钮确认。如果要取消编辑的公式,则可单击编辑栏的"×"按钮。

公式可以由值、运算符、单元格引用、名称或函数组成。

Excel 包含 4 种类型的运算符:算术运算符、比较运算符、文本运算符和引用运算符。其中算术运算符包括加(+)、减(-)、乘(*)、除(/)、乘幂(^)、百分比(%)等。

(二)使用引用

在 Excel 中,函数对单元格中的数据进行处理和计算,引用单元格的数据是十分重要的。不管公式中被引用的单元格或单元格区域的内容如何变化,引用都可以自动进行更新,公式的计算结果也将自动更新为新的结果。

为方便引用,工作表中每个单元格都有一个独有的"标识"。这种标识有两种样式,默认情况下,Excel 使用"A1 引用样式",即标识由"列标+行号"组成。表 4-1 中列出了一些常用的引用实例。

表 4-1 引用样式实例表

引用	含义
A10	列 A 和行 10 交叉处的单元格
A10: A20	在列 A 和行 10 到行 20 之间的单元格区域
B15: E15	在行 15 和列 B 到列 E 之间的单元格区域
5: 5	行 5 中的全部单元格
5: 10	行 5 到行 10 之间的全部单元格
H: H	列 H 中的全部单元格
H: J	列 H 到列 J 之间的全部单元格
A10: E20	列 A 到列 E 和行 10 到行 20 之间的单元格区域

在 Excel 中引用可以分为相对引用和绝对引用方式。默认情况下公式引用数据都是使用相对引用。"相对"是指函数计算的单元格和引用数据的单元格中的相对位置。在形式上，相对引用使用的是单元格的绝对位置，但在函数的运算过程中表示的是相对位置。当用户在 Excel 中复制函数时，复制的结果也会采用相对引用方式。

在使用 Excel 时，有时可能不希望使用相对引用，而需要使用绝对引用，也就是说，公式处理的是单元格的精确地址。使用绝对引用的方法是在行号和列标前面加上"$"符号，如 B2 是相对引用，\$B\$2 是绝对引用，\$B2 和 B\$2 是混合引用。可以通过"F4"按键在上述的引用方式之间切换。

(三) 使用名称

在 Excel 中，名称表示工作簿中某些项目的标识符，可以用来代表工作表、单元格、常量、图表或函数。名称可以在函数和图表中使用。下面介绍如何定义和使用名称，操作步骤如下：

（1）打开"定义名称"对话框。选择菜单栏中的"插入"|"名称"|"定义"命令，即可打开"定义名称"对话框。

（2）定义名称和引用位置。在"在当前工作簿中的名称"文本框中输入需要定义项目的名称，在"引用位置"文本框中输入所引用项目的地址，或者通过后面的引用切换按钮对工作表进行选择。

（3）使用名称。使用名称的一个方法是"粘贴名称"。选择需要粘贴名称的单元格，再选择"插入"|"名称"|"粘贴"命令，打开"粘贴名称"对话框。在该对话框中选择要粘贴的名称，然后单击"确定"按钮即可完成粘贴。

(四) Excel 工作表函数

函数作为 Excel 处理数据的一个最重要的手段，功能十分强大。Excel 中所提供的函数其实是一些预定义的公式，它们使用一些称为参数的特定数值按特定的顺序或结构进行计算。用户可以直接用它们对某个区域内的数值进行一系列运算。其中参数可以是常量、公式、函数、数组或单元格引用等。

Excel 函数一共有 11 类，分别是数据库函数、日期与时间函数、工程函数、财务函数、信息函数、逻辑函数、查询和引用函数、数学和三角函数、统计函数、文本函数以及用户自定义函数。表 4-2 列出了数据处理中常用到的部分数学函数。

表 4-2 数据处理中常用到的部分数学函数

工作表函数	函数的作用
PI( )	返回数学常数 π，精确到小数点后 14 位
EXP(number)	返回 e 的 n 次幂常数，e 是自然对数的底数
LN (number)	返回一个数的自然对数
LOG(number,[base])	按所指定的底数，返回一个数的对数
LOG10(number)	返回以 10 为底的对数
POWER(number,power)	返回给定数字的乘幂
SQRT(number)	返回正平方根
SUM(number1,[number2],…)	返回某一单元格区域中所有数字之和
SUMXMY2(array_x,array_y)	返回两数组中对应数值之差的平方和
ROUND(number,num_digits)	返回某个数字按指定位数舍入后的数字

通过"插入"|"函数"命令打开"插入函数"对话框,可以看到所有的 Excel 工作表函数;选中需要的函数后按"确定"按钮,打开"函数参数"对话框进行参数设定,该对话框中有各参数含义的说明。另外,也可以在单元格中输入"="后直接输入公式。

四、图表操作

图表是 Excel 最常用的对象之一,是工作数据表的图形表示方法,可以将抽象的数据形象化。Excel 提供了丰富的图表功能,例如柱形图、条形图、折线图、饼图、XY 散点图、面积图、圆环图等。其中每一种图表类型还包括若干种子图表类型,如图 4-3 显示了 XY 散点图的 5 个子图表类型。

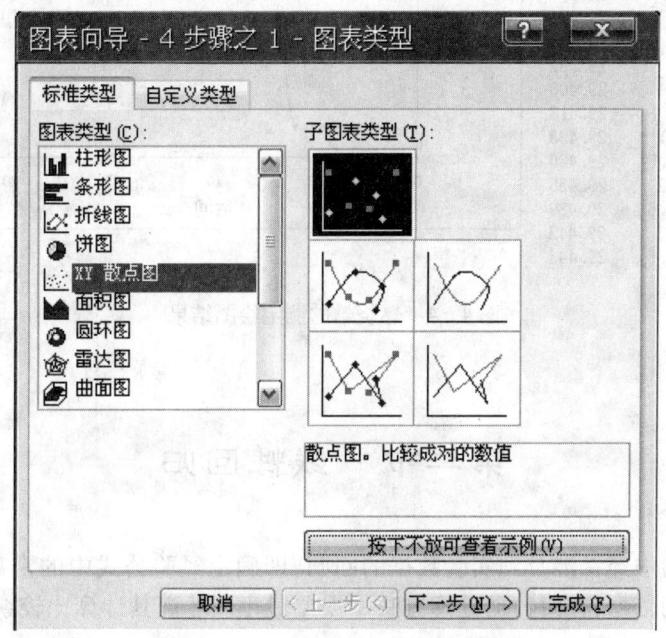

图 4-3 散点图的 5 个子图表类型

以燃烧焓的测定实验(详见实验二)为例,作图过程如下:

(1)将实验测得的时间/min 和温度/℃的数值分别输入到 Excel 工作表中的 A、B 两列。

(2)在工作表中选取数据区域,即 A、B 两列数据。选择"插入"|"图表"命令,或单击工具栏中的"图表"按钮,启动图表向导(图 4-4)。

(3)选择图表类型。在"图表类型"中选择"XY 散点图",再在右侧的"子图表类型"中选择"平滑线散点图",单击"下一步",出现"图表数据源"窗口,不做任何操作,直接单击"下一步"。

(4)图表选项操作。图表选项操作是制作函数曲线图的重要步骤,在"图表选项"窗口中进行。依次进行操作的项目有:标题、坐标轴、网格线、图例、数据标志。

(5)完成图像。操作结束后单击"完成",一幅图像就插入 Excel 的工作区了。

(6)编辑图像。图像生成后,字体、图像大小、位置都不一定合适。可选择相应的选项进行修改。所有这些操作可以先用鼠标选中相关部分,再单击右键弹出快捷菜单,通过快捷菜单中的有关项目即可进行操作。

燃烧焓测定实验的绘图结果如图4-4所示。

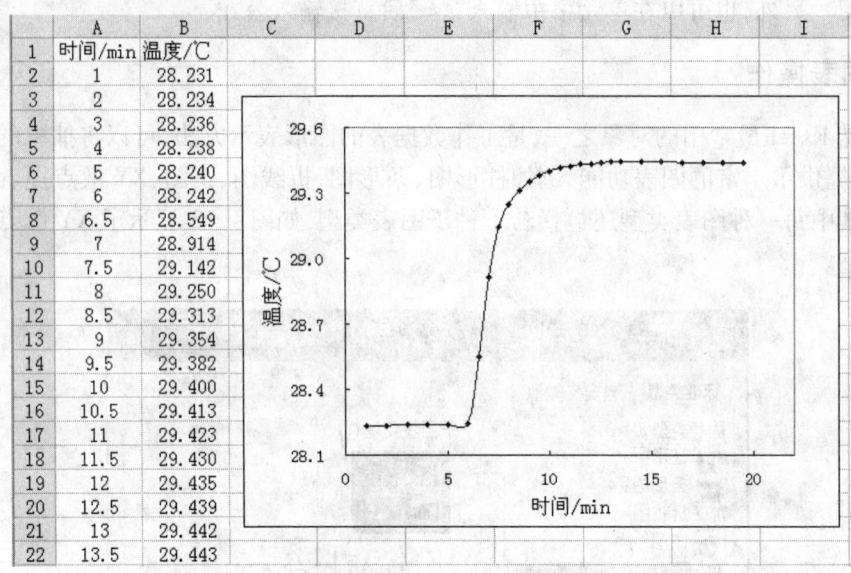

图4-4 燃烧焓的测定绘图结果

第二节 线性回归

物理化学实验中经常涉及到实验数据的回归,即确定经验公式中的常数。其中最小二乘法是以误差理论为依据,在诸数据处理方法中误差最小。然而其计算比较繁杂,人工处理数据时很少采用。

随着计算机的普及,运用最小二乘法进行数据处理有了有力的工具。Excel 中有多种工具可用于最小二乘法的计算,其中的"添加趋势线"、"Excel 函数"和"数据分析工具"在处理数据时各有特点,用于最小二乘法计算时不需要编写程序,处理数据非常简便。

以液体饱和蒸气压的测定(详见实验四)为例,用 Excel 通过3种不同的方法进行最小二乘法计算,得到线性回归经验公式中的常数。假设实验测得不同压力下水的沸点数据如表4-3表示。

表4-3 测得不同压力下水的沸点数据

$t/℃$	63.28	68.55	73.60	78.45	82.57	86.25	91.90	96.29	99.65
$1000T^{-1}$	2.972 4	2.926 5	2.883 9	2.844 1	2.811 2	2.782 4	2.739 4	2.706 8	2.682 4
p/kPa	24.49	30.59	37.57	45.29	53.5	61.44	76.4	89.06	100.18
$\ln(p/p^\ominus)$	-1.406 9	-1.184 5	-0.979	-0.792 1	-0.625 5	-0.487 1	-0.269 2	-0.115 9	0.001 798

一、添加趋势线

首先把实验数据分别按列输入 Excel 工作表中,选中列 $1000T^{-1}$ 为 x,列 $\ln(p/p^{\ominus})$ 为 y,用"图表向导"绘制"XY 散点图"。散点图绘制完成后,在生成的图中右击数据线或数据点,在出现的下拉快捷菜单中点击"添加趋势线",弹出"添加趋势线"对话框,如图 4-5 所示。在类型中选线性,在选项中选择"显示公式"和"显示 R 平方"选项,单击"确定"按钮,得到趋势回归图,如图 4-6 所示。其中 R 是相关系数,表示线性程度,R 越接近 1,表示拟合得越好。从拟合结果可以看到,该实验数据线性非常好。

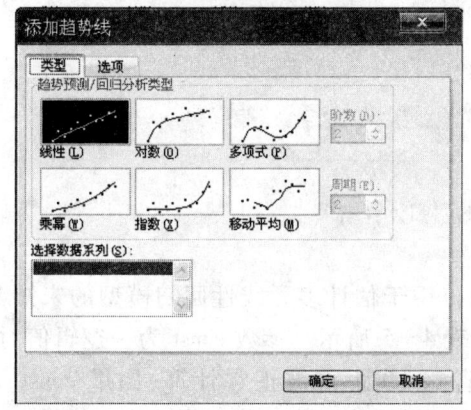
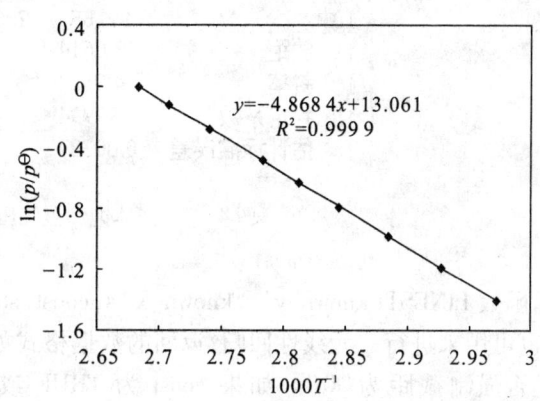

图 4-5 "添加趋势线"对话框　　　　图 4-6 液体饱和蒸气压的趋势回归图

二、Excel 函数

Excel 提供了 9 个函数用于建立回归模型和回归预测,表 4-4 列出了其中主要的 5 个。

表 4-4　用于回归分析的工作表函数

函　数	功　能
INTERCEPT(known_y's,known_x's)	估计一元线性回归模型截距
SLOPE(known_y's,known_x's)	估计一元线性回归模型斜率
RSQ(known_y's,known_x's)	返回一元线性回归模型的判定系数(R^2)
STEYX(known_y's,known_x's)	返回依照一元线性回归模型的预测值的标准误差
LINEST(known_y's,known_x's,const,stats)	估计多元线性回归模型的未知参数
TREND(known_y's,known_x's, new_x's,const)	返回线性回归拟合线的一组纵坐标值

用 Excel 提供的工作表函数计算"液体饱和蒸气压的测定"实验。在单元格 A11~A14 中分别输入"截距"、"斜率"、"判定系数"、"估计标准误差",在单元格 B11 中输入公式"=INTERCEPT(E2: E10,C2: C10)",在单元格 B12 中输入公式"=SLOPE(E2: E10,C2: C10)",在单元格 B13 中输入公式"=RSQ(E2: E10,C2: C10)",在单元格 B14 中输入公式"=STEYX(E2: E10,C2: C10)"。计算结果如图 4-7 所示。

	A	B	C	D	E
1		$t/℃$	$1000 T^{-1}$	p/kPa	$\ln(p/p^\ominus)$
2		63.28	2.9724	24.49	-1.4069
3		68.55	2.9265	30.59	-1.1845
4		73.60	2.8839	37.57	-0.979
5		78.45	2.8441	45.29	-0.7921
6		82.57	2.8112	53.50	-0.6255
7		86.25	2.7824	61.44	-0.4871
8		91.90	2.7394	76.40	-0.2692
9		96.29	2.7068	89.06	-0.1159
10		99.65	2.6824	100.18	0.001798
11	截距	13.0614			
12	斜率	-4.8684			
13	判定系数	0.99994			
14	估计标准误差	0.00387			

图 4-7 液体饱和蒸气压的回归计算结果

函数 LINEST(known_y's, known_x's, const, stats) 用于估计多元线性回归模型的未知参数,也可用来进行一元线性回归,返回的数据格式如表 4-5 所示。参数 const 为一逻辑值,指明是否强制截距为"0"。如果 const 为 TRUE 或省略,截距将被正常计算;如果 const 为 FALSE,截距将被设为"0"。参数 stats 为一逻辑值,指明是否返回附加回归统计值。如果 stats 为 FALSE 或省略,函数 LINEST 只返回斜率和截距;如果 stats 为 TRUE,函数 LINEST 返回各个回归系数及附加回归统计值。因为此函数返回数值数组(多个量),所以必须以数组公式的形式输入,即需按下组合键 Ctrl + Shift 键后,再按回车键确定。

表 4-5 LINEST 函数返回的数据格式

计算结果	数据含义
β_m β_{m-1} $\cdots$ β_1 β_0	回归系数
SE_m SE_{m-1} $\cdots$ SE_1 SE_0	回归系数的标准误差
R^2 S	判定系数 R^2、因变量标准误差
F df	F 统计量、自由度 df
$S_回$ $S_残$	回归平方和 $S_回$、残差平方和 $S_残$

利用 LINEST 函数的回归计算具体步骤为:为输出数据指定足够的存储区域(本例选 3 行 2 列,因为是一元线性回归,且对后两行数据不感兴趣),单击"插入"菜单,选择"函数",打开"插入函数"对话框,在"选择类别"中选择"统计";在"选择函数"中选择"LINEST",单击确定后,出现 LINEST 对话框。在 LINEST 对话框中设置相应的参数,按下组合键 Ctrl + Shift 键后,再按回车键。本例的公式为" = LINEST(E2:E10,C2:C10,TRUE,TRUE)",系统输出如图 4-8 所示。

用 Excel 函数进行最小二乘法分析后,最好作图验证拟合结果的优劣,判断各个实验数据点偏差的相对大小,并剔除异常值。

	A	B	C	D	E
1		$t/℃$	$1000T^{-1}$	p/kPa	$\ln(p/p^\ominus)$
2		63.28	2.9724	24.49	-1.4069
3		68.55	2.9265	30.59	-1.1845
4		73.60	2.8839	37.57	-0.979
5		78.45	2.8441	45.29	-0.7921
6		82.57	2.8112	53.50	-0.6255
7		86.25	2.7824	61.44	-0.4871
8		91.90	2.7394	76.40	-0.2692
9		96.29	2.7068	89.06	-0.1159
10		99.65	2.6824	100.18	0.001798
11	LINEST结果	-4.8684	13.061371		
12		0.01378	0.0388208		
13		0.99994	0.0038685		

图 4-8 液体饱和蒸气压的 LINEST 函数计算结果

三、数据分析工具

"数据分析"是 Excel 中为了进行复杂统计或工程分析时节省步骤的一个专用工具。使用时单击"工具"菜单中的"数据分析"命令。如果"工具"菜单中没有"数据分析"命令,则需要安装"分析工具库"(在"工具"菜单中,单击"加载宏"命令,在"加载宏"对话框中选中"分析工具库")。在弹出的"数据分析"对话框中选中"回归",此工具可通过对一组观察值使用"最小二乘法"直线拟合,进行线性回归分析。在弹出的"回归"对话框"Y 值输入区域"、"X 值输入区域"中分别输入存放数据的单元格区域,选择"输出区域"单选按钮并输入要显示结果的单元格,若选中"线性拟合图"的复选框则可同时生成图表。单击"确定"就完成了所有计算和作图工作。

利用"数据分析"运算过程简单,运算结果和图表可一并获得,获得的数据分析结果比前两种方法要多而全,而过程则简便得多。但得到的分析数据太多,要进行取舍。

必须注意的是,线性拟合时一定要注意判定系数要足够大,尤其是要查看图表验证拟合结果的优劣,以免得到错误的经验方程系数。如电导法测定乙酸乙酯二级反应的速率常数实验(详见实验十二),初期几分钟的数据点并不满足线性趋势,若选择所有的数据点进行线性回归则会得到错误的结果,这时必须选择线性较好的数据进行拟合。

四、数据处理实例

以燃烧焓的测定(详见实验二)中的雷诺图法处理实验数据为例。

首先根据操作步骤得到如图 4-4 所示的绘图结果。然后,在单元格 D2 中输入开始燃烧温度的数值,D3 中输入燃烧完毕温度的数值,D4 中输入"=(D2+D3)/2",即得到两者的平均温度。

在 D5 中输入"=ROUND(TREND(A8:A9,B8:B9,D4),3)",获得 D4 单元格中的温度所对应的时间。该公式涉及两个函数的嵌套使用,其中 ROUND 函数的功能是设定有效数字,即小数点后取 3 位数字,TREND 函数返回线性回归拟合线的一组纵坐标值,在此近似将该处的温度变化看作线性变化;然后在单元格 E2 和 E3 中分别输入" = TREND(B2: B7,A2: A7,D5)"和" = TREND(B21: B28,A21: A28,D5)",获得校正后的开始燃烧温度和燃烧完毕温度。单元格 D6 和 E6 分别显示了雷诺校正前后的温差数值。

为了以图示形式展示结果,需添加两条线性回归线、一条水平线和一条竖直线。在 H 列和 I 列分别输入水平线和竖直线端点的横、纵坐标值,然后右击图表,单击"源数据",在打开的"源数据"对话框中选中"系列"标签,点击"添加"按钮,并设定 x 值和 y 值,按"确定"按钮即可添加水平线和竖直线。随后可以参照对图表的曲线进行格式设置。点火燃烧前和燃烧完毕后的两条线性回归线可以采用添加趋势线的方式,先按照上面的操作添加新的数据系列(两段线性部分),然后为它们添加线性的趋势线,并对选项进行适当设置即可,所得结果如图 4 - 9 所示。

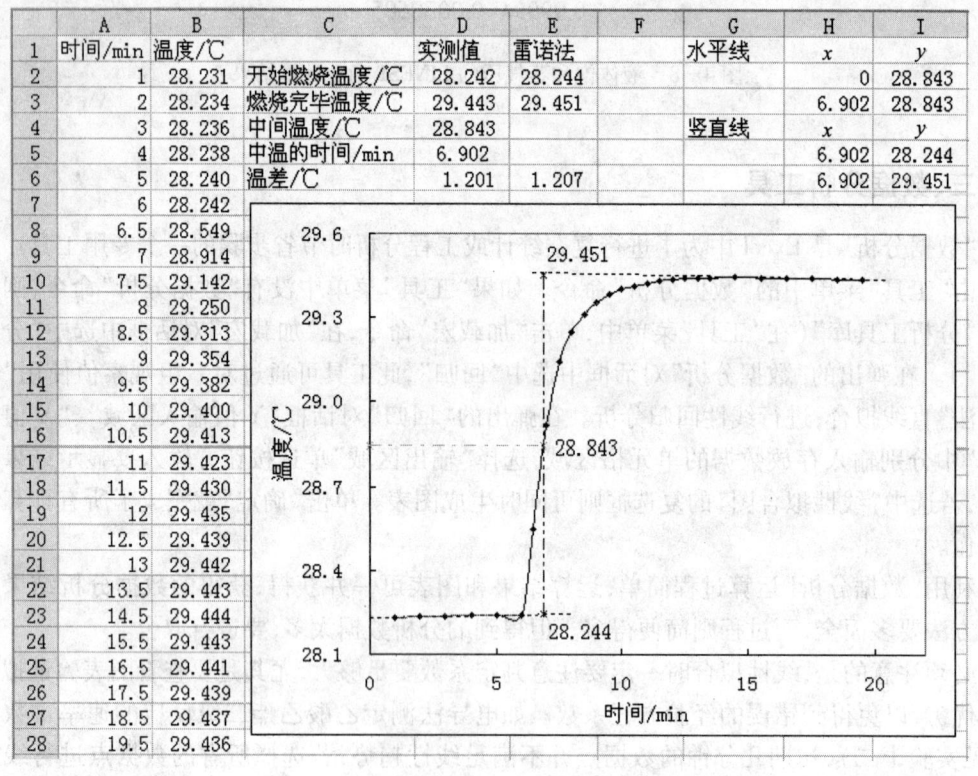

图 4 - 9　雷诺校正图

第三节　非线性回归

通常处理线性回归问题是依据最小二乘原理,即使计算值与观测值之间的残差的平方和最小,找到一组数据的最佳函数匹配。那么,也可以依据最小二乘原理,构造出待回归函数与实验值的残差平方和作为目标函数,采用 Excel 软件中的"规划求解工具"求此目标函数的最小值来优化待回归参数,从而实现对实验数据的非线性回归。如果"工具"菜单中没有"规划求解"命令,则需要安装"规划求解"(在"工具"菜单中,单击"加载宏"命令,在"加载宏"对话框中选中"规划求解"。如果在"加载宏"对话框中也没有"规划求解"选项,则需补充安装 Excel 的加载宏。)

例如最大气泡法测定溶液表面张力实验(详见实验十八),在31℃下测定不同浓度的乙醇水溶液的表面张力的实验数据如表4-6所示。

表4-6 不同浓度的乙醇水溶液的表面张力

$c/(\text{mol} \cdot \text{dm}^{-3})$	0.90	1.80	2.55	3.4	4.76	7.73	10.30
$\gamma/(\text{mN} \cdot \text{m}^{-1})$	55.08	49.31	44.12	40.66	35.36	29.47	25.10

对实验数据采用指数函数 $\gamma = Ae^{-c/t} + b$ 作为回归函数,其中 A、t、b 为待回归参数。在 Excel 中非线性回归实验数据的具体步骤为:在 A 列和 B 列分别输入浓度和表面张力数据,在单元格 B10~B12 分别输入 A、t、b 的初始值1、1、1。在 C2 格输入"= \$B\$10 * EXP(- A2/\$B\$11) + \$B\$12",并利用填充柄填充一直计算到 C8。在 C11 格输入"= SUMXMY2(B2:B8,C2:C8)",计算残差平方和。得到非线性回归的初始数据如图4-10所示。

	A	B	C
1	$c\,(\text{mol} \cdot \text{dm}^{-3})$	$\gamma(\text{mN} \cdot \text{m}^{-1})$	拟合 $\gamma(\text{mN} \cdot \text{m}^{-1})$
2	0.9	55.08	1.40656966
3	1.8	49.31	1.165298888
4	2.55	44.12	1.078081666
5	3.4	40.66	1.03337327
6	4.76	35.36	1.008565609
7	7.73	29.47	1.000439444
8	10.3	25.1	1.000033633
9			
10	A	1	残差平方和
11	t	1	11192.97095
12	b	1	

图4-10 非线性回归的初始数据

选择"工具"|"规划求解",调用规划求解工具。在对话框中设定目标单元格为 C11,"等于"项中选择"最小值","可变单元格"选择"\$B\$10:\$B\$12",点击"求解"按钮,立刻就得到图4-11所示的结果。可以看到残差平方和急剧减小。从非线性回归曲线和实验数据的比较(图4-12)可以看出回归的效果很好。

根据所拟合的指数函数 $\gamma = Ae^{-c/t} + b$,可得 $\dfrac{d\gamma}{dc} = -\dfrac{A}{t}e^{-c/t}$。由 Excel 软件的单元格可进一

	A	B	C
1	c (mol·dm^{-3})	γ (mN·m^{-1})	拟合γ (mN·m^{-1})
2	0.9	55.08	55.07859805
3	1.8	49.31	48.91467398
4	2.55	44.12	44.65226351
5	3.4	40.66	40.61752693
6	4.76	35.36	35.57373417
7	7.73	29.47	28.71348982
8	10.3	25.1	25.54960039
9			
10	A	41.10932648	残差平方和
11	t	4.434693783	1.261523486
12	b	21.52011176	

图 4-11 非线性回归最终结果

步计算 $\dfrac{d\gamma}{dc}$、$\varGamma$ 等,这样就避免了用镜面法绘制曲线切线引入的极大误差。乙醇的表面吸附量 $\varGamma$ 随浓度 c 的变化曲线如图 4-13 所示。

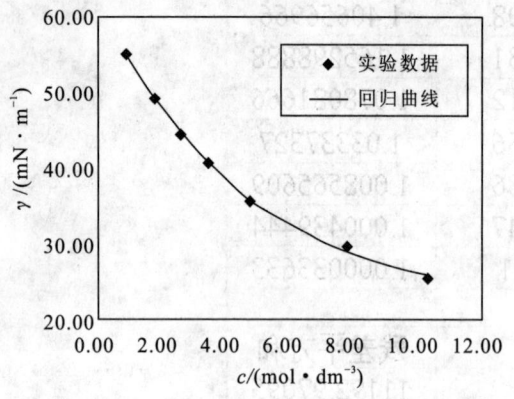 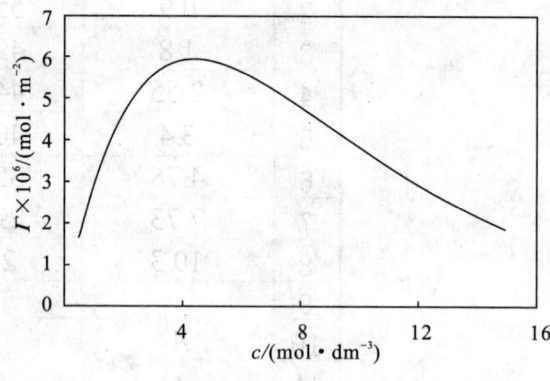

图 4-12 非线性回归曲线和实验数据比较　　图 4-13 乙醇的表面吸附量随浓度的变化曲线

在化学实验中,曲线的拟合是数据处理的关键之一。手工作图虽然直接,但随意性较大,且误差大小也因人而异,处理起来很烦琐。应用 Excel 强大的数据分析功能和优化功能,无需任何计算机语言编程即可完成实验数据的线性回归和非线性回归分析。尤其是应用 Excel 的"规划求解"进行非线性回归分析能适用于任何形式的函数,使用方便灵活,结果准确、直观。

附录 A　国际单位制和基本常数

附表 A-1　SI 基本单位

量		单位	
名　称	符号	名　称	符号
长度	l	米	m
质量	m	千克(公斤)	kg
时间	t	秒	s
电流	I	安[培]	A
热力学温度	T	开[尔文]	K
物质的量	n	摩[尔]	mol
发光强度	I	坎[德拉]	cd

附表 A-2　常用的 SI 导出单位

量		单位		
名称	符号	名称	符号	定义式
频率	ν	赫[兹]	Hz	s^{-1}
能量	E	焦[耳]	J	$kg \cdot m^2 \cdot s^{-2}$
力	F	牛[顿]	N	$kg \cdot m \cdot s^{-2} = J \cdot m^{-1}$
压力	p	帕[斯卡]	Pa	$kg \cdot m^{-1} \cdot s^{-2} = N \cdot m^{-2}$
功率	P	瓦[特]	W	$kg \cdot m^2 \cdot s^{-3} = J \cdot s^{-1}$
电量	Q	库[仑]	C	$A \cdot s$
电位;电压;电动势	U	伏[特]	V	$kg \cdot m^2 \cdot s^{-3} \cdot A^{-1} = J \cdot A^{-1} \cdot s^{-1}$
电阻	R	欧[姆]	Ω	$kg \cdot m^2 \cdot s^{-3} \cdot A^{-2} = V \cdot A^{-1}$
电导	G	西[门子]	S	$kg^{-1} \cdot m^{-2} \cdot s^3 \cdot A^2 = \Omega^{-1}$
电容	C	法[拉]	F	$A^2 \cdot s^4 \cdot kg^{-1} \cdot m^{-2} = A \cdot s \cdot V^{-1}$
磁通量	Φ	韦[伯]	Wb	$kg \cdot m^2 \cdot s^{-2} \cdot A^{-1} = V \cdot s$
电感	L	亨[利]	H	$kg \cdot m^2 \cdot s^{-2} \cdot A^{-2} = V \cdot A^{-1} \cdot s$
磁通量密度(磁感应强度)	B	特[斯拉]	T	$kg \cdot s^{-2} \cdot A^{-1} = V \cdot s$

注:1. ( )中的名称,是它前面的名称的同义词。
　2. [ ]中的字,是在不致混淆的情况下,可以省略的字。

附表 A-3 一些基本物理常数

物理量	符号	数值	单位
真空中的光速	c	$2.997\,924\,58 \times 10^{8}$	$m \cdot s^{-1}$
基本电荷	e	$1.602\,189 \times 10^{-19}$	C
质子静止质量	m_p	$1.672\,649 \times 10^{-27}$	kg
电子静止质量	m_e	$9.109\,53 \times 10^{-31}$	kg
摩尔气体常数	R	$8.314\,510$	$J \cdot mol^{-1} \cdot K^{-1}$
阿伏加德罗(Avogadro)常数	N_A, L	$6.022\,045 \times 10^{23}$	mol^{-1}
里德伯(Rydberg)常数	R_∞	$1.097\,373\,18 \times 10^{7}$	m^{-1}
普朗克(Planck)常数	h	$6.626\,176 \times 10^{-34}$	$J \cdot s$
法拉第(Faraday)常数	F	$9.648\,456 \times 10^{4}$	$C \cdot mol^{-1}$
玻耳兹曼(Boltzmann)常数	k	$1.380\,662 \times 10^{-23}$	$J \cdot K^{-1}$
真空介电常数	ε_0	$8.854\,188 \times 10^{-12}$	$F \cdot m^{-1}$
玻尔磁子	μ_B	$9.274\,015 \times 10^{-24}$	$A \cdot m^{2}$

附表 A-4 单位换算表

	单位名称	符号	折合 SI 单位制		单位名称	符号	折合 SI 单位制
力的单位	1 公斤力	kgf	$9.806\,65\,N$	功能单位	1 公斤力·米	$kgf \cdot m$	$9.806\,65\,J$
	1 达因	dyn	$10^{-5}\,N$		1 尔格	erg	$10^{-7}\,J$
黏度单位	1 泊	P	$0.1\,N \cdot S \cdot m^{-2}$		1 升·大压	$l \cdot atm$	$101.328\,J$
	1 厘泊	CP	$10^{-3}\,N \cdot S \cdot m^{-2}$		1 瓦特·小时	$W \cdot h$	$3\,600\,J$
压力单位	1 毫巴	Mbar	$100\,N \cdot m^{-2}(Pa)$		1 卡	cal	$4.186\,8\,J$
	1 达因·厘米$^{-2}$	$dyn \cdot cm^{-2}$	$0.1\,N \cdot m^{-2}(Pa)$	功率单位	1 公斤力·米·秒$^{-1}$	$kgf \cdot m \cdot s^{-1}$	$9.806\,65\,W$
	1 公斤力·厘米$^{-2}$	$kgf \cdot cm^{-2}$	$98\,066.5\,N \cdot m^{-2}(Pa)$		1 尔格·秒$^{-1}$	$erg \cdot s^{-1}$	$10^{-7}\,W$
	1 工程大气压	af	$98\,066.5\,N \cdot m^{-2}(Pa)$		1 大卡·小时$^{-1}$	$kcal \cdot h^{-1}$	$1.163\,W$
	标准大气压	atm	$101\,324.7\,N \cdot m^{-2}(Pa)$		1 卡·秒$^{-1}$	$cal \cdot s^{-1}$	$4.186\,8\,W$
	1 毫米水高	mmH_2O	$9.806\,65\,N \cdot m^{-2}(Pa)$	电磁单位	1 伏·秒	$V \cdot s$	$1\,Wb$
	1 毫米汞高	mmHg	$133.322\,N \cdot m^{-2}(Pa)$		1 安·小时	$A \cdot h$	$3\,600\,C$
比热单位	1 卡·克$^{-1}$·度$^{-1}$	$cal \cdot g^{-1} \cdot ℃^{-1}$	$4\,186.8\,J \cdot kg^{-1} \cdot ℃^{-1}$		1 德拜	D	$3.334 \times 10^{-30}\,Cm$
	1 尔格·克$^{-1}$·度$^{-1}$	$erg \cdot g^{-1} \cdot ℃^{-1}$	$10^{-4}\,J \cdot kg^{-1} \cdot ℃^{-1}$		1 高斯	G	$10^{-4}\,T$
					1 奥斯特	Oe	$1\,000 \cdot (4\pi)^{-1}\,A$

附录 B 水的某些物理常数

附表 B-1 不同温度时水的蒸气压

温度/℃	压力 mmHg	压力 Pa	温度/℃	压力 mmHg	压力 Pa	温度/℃	压力 mmHg	压力 Pa
-10	2.149	286.51	34	39.898	5 319.28	69	223.73	29 328.1
0	4.579	610.48	35	42.175	5 622.86	70	233.7	31 157.4
1	4.926	656.74	36	44.563	5 941.23	71	243.9	32 517.2
2	5.294	705.81	37	47.067	6 275.07	72	254.6	33 943.8
3	5.685	757.94	38	49.692	6 625.04	73	265.7	35 423.7
4	6.101	713.40	39	52.442	6 991.67	74	277.2	36 956.9
5	6.543	872.33	40	55.324	7 375.91	75	289.1	38 543.4
6	7.013	934.99	41	58.34	7 778.0	76	301.4	40 183.3
7	7.513	1 001.65	42	61.50	8 199.3	77	314.1	41 876.4
8	8.045	1 072.58	43	64.80	8 639.3	78	327.3	43 636.3
9	8.609	1 147.77	44	68.26	9 100.6	79	341.0	45 462.8
10	9.209	1 227.76	45	71.88	9 583.2	80	355.1	47 342.6
11	9.844	1 312.42	46	75.65	10 085.8	81	369.7	49 289.1
12	10.518	1 402.28	47	79.60	10 612.4	82	384.9	51 315.6
13	11.231	1 497.34	48	83.71	11 160.4	83	400.6	53 408.8
14	11.987	1 598.13	49	88.02	11 735.0	84	416.8	55 568.6
15	12.788	1 704.92	50	92.51	12 333.6	85	433.6	57 808.4
16	13.634	1 817.71	51	97.20	12 958.9	86	450.9	60 114.9
17	14.530	1 937.17	52	102.09	13 610.8	87	468.7	62 488.0
18	15.477	2 063.42	53	107.20	14 292.1	88	487.1	64 941.1
19	16.477	2 196.75	54	112.51	15 000.1	89	506.1	67 474.3
20	17.535	2 337.80	55	118.04	15 737.3	90	525.76	70 095.4
21	18.650	2 486.46	56	123.80	16 505.3	91	546.05	72 800.5
22	19.827	2 643.38	57	129.82	17 307.9	92	566.99	75 592.2
23	21.068	2 808.83	58	136.03	18 142.5	93	588.60	78 473.3
24	22.377	2 983.35	59	142.60	19 011.7	94	610.90	81 446.4
25	23.756	3 167.20	60	149.38	19 915.6	95	633.90	84 512.8
26	25.209	3 360.91	61	156.43	20 855.6	96	657.62	87 675.2
27	26.739	2 564.90	62	163.77	21 834.1	97	682.07	90 934.9
28	28.349	3 779.55	63	171.38	22 848.7	98	707.27	94 294.7
29	30.043	4 005.39	64	179.31	23 906.0	99	733.24	97 757.0
30	31.824	4 242.84	65	187.54	25 003.2	100	760.00	101 324.7
31	33.695	4 492.28	66	196.09	26 143.1	101	787.57	105 000.4
32	35.663	4 754.66	67	204.96	27 325.7			
33	37.729	5 030.11	68	214.17	28 553.6			

附表 B-2 水的表面张力

温度/℃	表面张力/(mN·m⁻¹)	温度/℃	表面张力/(mN·m⁻¹)	温度/℃	表面张力/(mN·m⁻¹)
15	73.49	21	72.59	27	71.66
16	73.34	22	72.44	28	71.50
17	73.19	23	72.28	29	71.35
18	73.05	24	72.13	30	71.18
19	72.90	25	72.97	35	70.38
20	72.75	26	71.82	40	69.60

附表 B-3 水的绝对黏度(mPa·s)

温度/℃	绝对黏度/(mPa·s)	温度/℃	绝对黏度/(mPa·s)	温度/℃	绝对黏度/(mPa·s)	温度/℃	绝对黏度/(mPa·s)	温度/℃	绝对黏度/(mPa·s)
0	1.7921	10	1.3077	20	1.0050	30	0.8007	40	0.6560
1	1.7313	11	1.2713	21	0.9810	31	0.7840	41	0.6439
2	1.6728	12	1.2363	22	0.9579	32	0.7679	42	0.6321
3	1.6191	13	1.2028	23	0.9359	33	0.7523	43	0.6207
4	1.5674	14	1.1709	24	0.9142	34	0.7371	44	0.6097
5	1.5188	15	1.1404	25	0.8937	35	0.7225	45	0.5988
6	1.4728	16	1.1111	26	0.8737	36	0.7085	46	0.5883
7	1.4284	17	1.0828	27	0.8545	37	0.6947	47	0.5782
8	1.3860	18	1.0559	28	0.8360	38	0.6814	48	0.5683
9	1.3462	19	1.0299	29	0.8180	39	0.6685	49	0.5588

附表 B-4 水的折射率(钠光)

温度/℃	折射率	温度/℃	折射率	温度/℃	折射率
0	1.33401	19	1.33308	26	1.33241
6	1.33385	20	1.33299	27	1.33230
10	1.33369	21	1.33290	28	1.33219
15	1.33341	22	1.33281	29	1.33206
16	1.33333	23	1.33272	30	1.33192
17	1.33325	24	1.33262		
18	1.33317	25	1.33252		

附录 C 有关物质的某些物理常数

附表 C-1 不同温度下液体的密度

温度/°C \ 液体 密度/g·cm⁻³	水	乙醇	苯	汞	环己烷	乙酸乙酯	丁醇
10	0.999 700	0.797 88	0.887	13.570 43	—	0.912 7	—
11	0.999 605	0.797 04	—	13.567 97	—	—	—
12	0.999 497	0.796 20	—	13.565 51	0.785 0	—	—
13	0.999 377	0.795 35	—	13.563 05	—	—	—
14	0.999 244	0.794 51	—	13.560 59	—	—	0.813 5
15	0.999 099	0.793 67	0.883	13.558 13	—	—	—
16	0.998 943	0.792 83	0.882	13.555 67	—	—	—
17	0.998 775	0.791 98	0.882	13.553 22	—	—	—
18	0.998 595	0.791 14	0.881	13.550 76	0.783 6	—	—
19	0.998 405	0.790 29	0.881	13.548 31	—	—	—
20	0.998 204	0.789 45	0.879	13.545 85	—	0.900 8	—
21	0.997 993	0.788 60	0.879	13.543 40	—	—	—
22	0.997 770	0.787 75	0.878	13.540 94	—	—	0.807 2
23	0.997 538	0.786 91	0.877	13.538 49	0.773 6	—	—
24	0.997 296	0.786 06	0.876	13.536 04	—	—	—
25	0.997 045	0.785 22	0.875	13.533 59	—	—	—
26	0.996 784	0.784 37	—	13.531 14	—	—	—
27	0.996 513	0.783 52	—	13.528 69	—	—	—
28	0.996 233	0.782 67	—	13.526 24	—	—	—
29	0.995 945	0.781 82	—	13.523 79	—	—	—
30	0.995 647	0.780 97	0.869	13.521 34	0.767 8	0.888 8	0.800 7

附表 C-2 某些物质的标准摩尔燃烧焓 (25℃)

物 质		$\dfrac{\Delta_c H_m^\ominus}{kJ \cdot mol^{-1}}$	物 质		$\dfrac{\Delta_c H_m^\ominus}{kJ \cdot mol^{-1}}$
$CH_4(g)$	甲烷	-890.8	$(CH_3)_2CO(l)$	丙酮	-1 790.4
$C_2H_6(g)$	乙烷	-1 560.7	$HCOOH(l)$	甲酸	-254.06
$C_3H_8(g)$	丙烷	-2 219.2	$CH_3COOH(l)$	乙酸	-874.2
$C_4H_{10}(g)$	丁烷	-2 877.6	$C_2H_5COOH(l)$	丙酸	-1 527.3
$C_5H_{12}(g)$	正戊烷	-3 535.6	$CH_2CHCOOH(l)$	丙烯酸	-1 368.4
$C_3H_6(g)$	环丙烷	-2 091.3	$C_3H_7COOH(l)$	正丁酸	-2 183.6
$C_4H_8(l)$	环丁烷	-2 721.1	$(CH_3CO)_2O(l)$	乙酸酐	-1 807.1
$C_5H_{10}(l)$	环戊烷	-3 291.6	$HCOOCH_3(l)$	甲酸甲酯	-972.6
$C_6H_{12}(l)$	环己烷	-3 919.6	$C_6H_6(l)$	苯	-3267.6
$C_6H_{14}(l)$	正己烷	-4 194.5	$C_{10}H_8(s)$	萘	-5 156.3
$C_2H_4(g)$	乙烯	-1 411.2	$C_6H_5OH(s)$	苯酚	-3 053.5
$C_2H_2(g)$	乙炔	-1 201.1	$C_6H_5NO_2(l)$	硝基苯	-3 088.1
$HCHO(g)$	甲醛	-570.7	$C_6H_5CHO(l)$	苯甲醛	-3 525.1
$CH_3CHO(l)$	乙醛	-1 166.9	$C_6H_5COCH_3(l)$	苯乙酮	-4 148.9
$C_2H_5CHO(l)$	丙醛	-1 822.7	$C_6H_5COOH(s)$	苯甲酸	-3 226.9
$CH_3OH(l)$	甲醇	-726.1	$C_{12}H_{22}O_{11}(s)$	蔗糖	-5 640.9
$C_2H_5OH(l)$	乙醇	-1 366.8	$CH_3NH_2(l)$	甲胺	-1 060.8
$C_3H_7OH(l)$	正丙醇	-2 021.3	$C_2H_5NH_2(l)$	乙胺	-1 713.5
$C_4H_9OH(l)$	正丁醇	-2 675.9	$(NH_2)_2CO(s)$	尿素	-631.6
$(C_2H_5)_2O(l)$	乙醚	-2 723.9	$C_5H_5N(l)$	吡啶	-2 782.3

附表 C-3 一些电极反应的标准电极电势

电对 (氧化态/还原态)	电极反应 (氧化态 + ne^- ⇌ 还原态)	标准电极电势 $E^{\ominus}/V$
H_2O/H_2	$2H_2O + 2e^- \rightleftharpoons H_2(g) + 2OH^-(aq)$	-0.8277
$Zn^{2+}/Zn(Hg)$	$Zn^{2+}(aq) + 2e^- \rightleftharpoons Zn(Hg)$	-0.7628
Zn^{2+}/Zn	$Zn^{2+}(aq) + 2e^- \rightleftharpoons Zn(s)$	-0.7618
Fe^{2+}/Fe	$Fe^{2+}(aq) + 2e^- \rightleftharpoons Fe(s)$	-0.447
Cd^{2+}/Cd	$Cd^{2+}(aq) + 2e^- \rightleftharpoons Cd(s)$	-0.4030
Co^{2+}/Co	$Co^{2+}(aq) + 2e^- \rightleftharpoons Co(s)$	-0.28
Ni^{2+}/Ni	$Ni^{2+}(aq) + 2e^- \rightleftharpoons Ni(s)$	-0.257
Sn^{2+}/Sn	$Sn^{2+}(aq) + 2e^- \rightleftharpoons Sn(s)$	-0.1375
Pb^{2+}/Pb	$Pb^{2+}(aq) + 2e^- \rightleftharpoons Pb(s)$	-0.1262
H^+/H	$2H^{2+}(aq) + 2e^- \rightleftharpoons H_2(g)$	0.0000
S/H_2S	$S(s) + 2H^{2+}(aq) + 2e^- \rightleftharpoons H_2S(aq)$	$+0.142$
Hg_2Cl_2/Hg	$Hg_2Cl_2(s) + 2e^- \rightleftharpoons 2Hg(l) + 2Cl^-(aq)$	$+0.2680$
Cu^{2+}/Cu	$Cu^{2+}(aq) + 2e^- \rightleftharpoons Cu(s)$	$+0.3419$
O_2/OH^-	$O_2(g) + 2H_2O + 4e^- \rightleftharpoons 4OH^-(aq)$	$+0.401$
Cu^+/Cu	$Cu^+(aq) + e^- \rightleftharpoons Cu(s)$	$+0.521$
I_2/I^-	$I_2(s) + 2e^- \rightleftharpoons 2I^-(aq)$	$+0.5355$
Fe^{3+}/Fe^{2+}	$Fe^{3+}(aq) + e^- \rightleftharpoons Fe^{2+}(aq)$	$+0.771$
Hg_2^{2+}/Hg	$Hg_2^{2+}(aq) + 2e^- \rightleftharpoons 2Hg(l)$	$+0.7973$
Ag^+/Ag	$Ag^+(aq) + e^- \rightleftharpoons Ag(s)$	$+0.7996$
O_2/H_2O	$O_2(g) + 4H^-(aq) + 4e^- \rightleftharpoons 2H_2O$	$+1.229$
Cl_2/Cl^-	$Cl_2(g) + 2e^- \rightleftharpoons 2Cl^-(aq)$	$+1.35827$
F_2/F^-	$F_2(g) + 2e^- \rightleftharpoons 2F^-(aq)$	$+2.866$

附表 C-4 25℃时一些离子的极限摩尔电导率

正离子	$\Lambda_{m,+}^{\infty}/(10^{-4} \times S \cdot m^2 \cdot mol^{-1})$	正离子	$\Lambda_{m,-}^{\infty}/(10^{-4} \times S \cdot m^2 \cdot mol^{-1})$
H^+	349.82	OH^-	198.0
Li^+	38.69	Cl^-	76.34
Na^+	50.11	Br^-	78.4
K^+	73.52	I^-	76.8
NH_4^+	73.4	NO_3^-	71.44
Ag^+	61.92	CH_3COO^-	40.9
$\frac{1}{2}Ba^{2+}$	63.64	$\frac{1}{2}SO_4^{2-}$	79.8

参考文献

[1] 傅献彩,沈文霞,姚天扬,等.物理化学[M].5版.北京:高等教育出版社,2005.
[2] 胡英.物理化学[M].4版.北京:高等教育出版社,1999.
[3] 天津大学物理化学教研室.物理化学(上、下册)[M].4版.北京:高等教育出版社,2001.
[4] 金继红,陈达士,阎庚舜等.物理化学[M].北京:地质出版社,1993.
[5] 孙作为.物理化学[M].北京:地质出版社,1993.
[6] 黄启巽,吴金添,魏光.物理化学[M].厦门:厦门大学出版社,1996.
[7] 金继红.大学化学[M].北京:化学工业出版社,2006.
[8] 罗澄源.物理化学实验[M].4版.北京:高等教育出版社,2003.
[9] 金丽萍,邬时清,陈大勇.物理化学实验[M].2版.上海:华东理工大学出版社,2005.
[11] 复旦大学等.物理化学实验[M].2版.北京:高等教育出版社,1993.
[12] 东北师范大学等校.物理化学实验[M].2版.北京:高等教育出版社,1989.
[13] 唐林,孟阿兰,刘红天.物理化学实验[M].北京:化学工业出版社,2008.
[14] 孙尔康,张剑荣.普通化学实验[M].南京:南京大学出版社,2009.
[15] 崔献英.物理化学实验[M].合肥:中国科技大学出版社,2000.
[16] 华南理工大学物理化学教研室.物理化学实验[M].广州:华南理工大学出版社,2003.
[17] 清华大学化学系.物理化学实验[M].北京:清华大学出版社,1991.
[18] 武汉大学化学与分子科学学院实验中心.物理化学实验[M].武汉:武汉大学出版社,2004.
[19] 安黛宗,华萍.大学化学实验[M].武汉:中国地质大学出版社,2007.
[20] 王维鸿.Excel 在统计中的应用[M].北京:中国水利水电出版社,2004.
[21] 肖明耀.误差理论与应用[M].北京:计量出版社,1985.
[22] 江体乾.化工数据处理[M].北京:化学工业出版社,1984.
[23] 量和单位.GB 3100-3102—93[S].北京:中国标准出版社,1994.
[24] 实用化学手册编写组.实用化学手册[M].北京:科学出版社,2001.
[25] 唐曙光.基于 Excel 的实验数据最小二乘法计算探讨[J].大学物理实验,2003,16(4),43~45.